动物生理学
实验教程

徐业芬◎主编

长江出版传媒 湖北科学技术出版社

图书在版编目（CIP）数据

动物生理学实验教程 / 徐业芬主编 . —武汉：湖北科学技术
出版社，2022.9
ISBN 978-7-5706-1964-1

Ⅰ. ①动… Ⅱ. ①徐… Ⅲ. ①动物学—生理学—实验—高等
学校—教材 Ⅳ . ① Q4-33

中国版本图书馆 CIP 数据核字（2022）第 069085 号

动物生理学实验教程
DONGWU SHENGLI XUE SHIYAN JIAOCHENG

责任编辑：张波军	封面设计：曾雅明
出版发行：湖北科学技术出版社	电话：027-87679468
地　　址：武汉市雄楚大街 268 号	邮编：430070
（湖北出版文化城 B 座 13-14 层）	
网　　址：http://www.hbstp.com.cn	
印　　刷：武汉邮科印务有限公司	邮编：430205

787×1092	1/16	9.25 印张	136 千字

2022 年 9 月第 1 版　　　　　　　　　　2022 年 9 月第 1 次印刷

定价：36.00 元

本书如有印装质量问题，可找本社市场部更换

《动物生理学实验教程》

编 委 会

前　言

　　动物生理学是高原地区高等农业院校动物医学、动物科学、水产养殖、动植物检疫、生命科学和生物技术等专业的必修核心专业基础课之一。为了紧紧围绕高原特色优势学科建设、专业建设以及高原经济发展对高素质应用型人才的要求，已经组织人员编写出版《高原动物生理学》，该书尽可能全面地收集了国内外关于高原（重点是青藏高原）动物在生理学研究方面所取得的最新研究成果，并结合对高原地区高等农业院校学生培养的目标需求，经过认真论证后编写。而动物生理学是一门实验科学，通过相应的实验与典型动物生理学实验教学，可验证、巩固和加强有关基本理论，培养理论联系实际的能力，培养创新思维，提高学习动物生理学的兴趣与自觉性。因此，我们编写了与《高原动物生理学》配套的《动物生理学实验教程》。

　　本书内容涵盖了动物生理学经典基础性实验和综合性实验，并根据实验技术的发展和当前大学生创新性实验的需要，以及适应高原特色家畜的研究发展，增加了兽用B超实验、牦牛细胞实验和常用分子实验，可作为高原地区高等农业院校动物医学、动物科学、水产养殖、动植物检疫、生命科学和生物技术等专业师生的实验课程参考书，还可供其他地区高等农业院校、普通师范院校、综合性大学、高等职业院校等有关生命科学的本、专科专业学生和教师参考，同时还适用于成人教育，并可作为科研工作者的参考书。

　　本书参考了大量相关图书、文献和资料，在此向其作者致以真诚的感谢。本书在编写过程中力求完善，但由于水平有限，书中难免存在疏漏之处，敬请广大读者批评指正。

徐业芬

2022年3月

目　录

第一章 总 论

第一节 动物生理学实验基础知识

一、动物生理学实验的目的和要求

1. 实验目的

（1）通过相应的实验与典型动物生理学实验设计，验证、巩固和加强有关基本理论，培养理论联系实际的能力，培养创新思维，提高学习动物生理学的兴趣与自觉性。

（2）使学生了解获得动物生理科学知识的科学方法，初步掌握动物生理学实验设计方法，并通过对实验进行观察、记录和分析，培养严肃的科学态度、严谨的科学作风和严密的科学思维方法。

（3）通过实验使学生能正确使用仪器，初步掌握常用仪器的操作方法，为学习后续课程和未来工作打下良好基础。

（4）通过实验使学生初步掌握动物生理学实验方法和技术，掌握实验数据的测量、统计、记录、处理和实验报告的书写方法。

（5）提高学生创造力，为今后兽医临床实践和科学研究工作打好基础。此外，通过实验还能培养学生的协作精神。

2. 实验要求

（1）实验前仔细阅读实验教程，了解实验的目的、要求、方法和操作步骤。

（2）设计和准备好实验原始记录项目和数据记录表格，便于实验中使用。

（3）认真聆听指导教师的讲解，观看老师的示教动作，要特别注意实验中的注意事项。

（4）实验器材的放置要整齐、稳当、有条不紊；严格按实验指导步骤进行，不可随意更改，不得擅自进行与实验无关的活动。

（5）遇到疑难之处，先要自己设法排除，培养独立工作能力，如解决不了，可请老师协助解决，不得过分依赖老师。

（6）正确使用仪器，若仪器出现故障，应立即报告老师，对于贵重仪器，在未熟悉性能时，不要轻易动用。

（7）实验后将实验台及所有器械擦洗干净，摆放整齐，如数归还，如发现数量缺少，应及时报告。

（8）认真做好实验记录，对实验结果进行分析，并得出结论。

（9）认真撰写实验报告，按时送交指导教师评阅。

二、动物生理学实验特点

生理学（physiology）是研究生物机体生命活动及其规律的一门学科，可根据其研究对象、环境等的不同分为多个分支。高原动物生理学是研究高原环境下健康动物所表现的正常生命现象或生理活动的规律，主要运用基本实验操作技术来重点观察与测定高原环境下动物机体的生理功能和代谢变化，并通过分析综合探讨变化发生的机制及规律。高原动物生理学研究对象主要为高原家畜和家禽，如牦牛、藏猪、藏羊、藏兔和藏鸡、藏鸭等。人们对于动物机体功能活动的了解，不是通过想象和推理得来的，而是从实验中总结而来的，因此动物生理学是一门实验科学，研究方法至关重要，生理学的研究方法分为慢性实验和急性实验两类。

1. 慢性实验

慢性实验是在无菌条件下对健康动物进行手术，暴露要研究的器官（如消化道各种造瘘手术）或摘除、破坏某一器官（如切除某一内分泌腺），然后在正常生活的环境条件下，观察所暴露器官的某些功能，观察摘除或破坏某一器官后所产生的功能紊乱等。这类实验可以在正常的饲养管理条件下，进行长时间的观察实验，故称为慢性实验。慢性实验的优点是保存了机体的整体性，且在动物清醒状态和正常生活的环境条件下长时间观察其生理活动，使实验结果更加接近正常生理状态。慢性实验的缺点是整体条件太复杂，不便于分析诸多影响因素。

2. 急性实验

在体和离体实验通常实验时间都较短，一般实验完毕后动物都不再存活，故称为急性实验。

（1）在体实验：是在麻醉无痛条件下，剖开动物身体，暴露所要观察或实验的器官，也称活体解剖实验。这类实验的优点是有利于对某一两个器官在机体内进行实验观察。

（2）离体实验：是在动物体内取出某一器官，置于与体内类似的人工环境中，在短时间内研究它的机能和有关因素的作用。例如，离体蛙心灌流实验过程中将蛙心取出置于人工环境中，观察钙离子、钾离子、乙酰胆碱、去甲肾上腺素等对离体蛙心的影响。这类实验的优点是实验离开机体整体环境，易于控制实验条件，排除无关因素的影响，易于分析结果。其缺点是实验结果不一定能代表离体器官在整体条件下的活动情况。

以上生理学实验方法，必须根据具体需要加以利用。

三、实验器材和环境的消毒灭菌

1. 常用器材的消毒灭菌步骤

1）玻璃器皿

（1）刷洗、烘干：玻璃器皿可直接泡入洗衣粉或洗洁精溶液中24h左右，泡过洗衣粉或洗洁精溶液后，用试管刷细心刷洗干净，观察器壁上是否沾有水珠（沾有水珠表示未洗干净，应重复刷洗至不沾水珠为止），再用自来水冲洗1h左右，用自来水再荡洗10遍左右以除去残留的洗衣粉或洗洁精溶液，最后沥干或烘干。

（2）泡酸、清洗：沥干或烘干后再泡入酸液（配方见表1-1）至少24h，然后从酸液内捞出，沥干酸液后用自来水冲洗1~2h，用自来水再荡洗10遍以除去酸液；再用双蒸水浸泡、冲洗5~6遍，以除去自来水中杂质。

表 1-1　酸液（重铬酸钾硫酸液）配方

	弱酸	次强酸	强酸
重铬酸钾	10g	20g	50g
蒸馏水	100mL	40mL	100mL
浓硫酸	200mL	350mL	400mL

注：①重铬酸钾硫酸液是强氧化剂，配方很多，常见重铬酸钾、水、硫酸的质量之比约为1：2：8，3种配方中，较常用的为次强酸，新配制呈红色，多次使用后，重铬酸钾被还原为墨绿色，此时表示已经失效，可加热浓缩或补加重铬酸钾后继续使用，最好重新配制。②配法：先称取重铬酸钾，加蒸馏水使之溶解，必要时加热使之溶解，再将浓硫酸沿边缘缓缓加入重铬酸钾溶液中，加浓硫酸时须用玻璃棒不断搅拌。切记：不能把水加入硫酸内，因为硫酸遇水会瞬间产生大量的热量，使水沸腾，致使体积膨胀而发生爆溅。③酸液腐蚀作用强，须妥善保存，使用时戴保护手套。为防止吸收空气中的水分而变质，洗液存贮时应加盖。

（3）烘干、包扎：洗干净的玻璃器皿烘干后取出，用报纸或牛皮纸等包扎，包扎是为了防止器材消毒灭菌后再次被污染，同时还可方便储存及防止灰尘。用记号笔在包装外写清器材名称、处理人姓名及日期，例如，200mL定容瓶及盖，白珍，2021年12月5日。注意：瓶和盖或其他配套器材最好包扎在一起，否则分离后不易寻找。

（4）高压蒸气消毒：使用手提式高压蒸汽灭菌锅时，先将内层取出盛放步骤（3）处理好的玻璃器皿，外层锅内加适量蒸馏水、去离子水或超纯水，使水面与三角搁架相平，盖好盖子，打开电开关和安全阀，随着温度的上升，安全阀冒出蒸汽，当蒸汽成直线冒出3~5min后，关闭安全阀，气压表指数随之上升，当指针指向121℃时，维持20~30min即可。使用全自动高压蒸汽灭菌锅时，务必检查外桶水量，堆放待灭菌物品时，严禁堵塞安全阀出气孔，注意电子显示屏设置准确。

（5）烘干备用：高压蒸汽消毒后的玻璃器皿会被蒸汽打湿，所以要放入60~70℃干燥箱内烘干备用。

2）金属器械

金属器皿不能浸泡在酸液中，可先用洗衣粉或洗涤剂溶液浸泡，取出刷洗干净后用自来水冲洗，然后用75％酒精擦拭，再用自来水冲洗，接着用蒸馏水冲洗数遍，再烘干或晾干。放入铝制盒内或用锡箔纸、报纸包装好后进行高压蒸汽消毒，再烘干备用。

3）橡胶和塑料器材

通常处理方法是：先用洗衣粉或洗涤剂溶液浸泡，取出洗刷干净，分别用自来水和蒸馏水冲洗，再用烤箱烘干。可根据不同品质进行如下处理：

（1）胶塞或胶帽烘干后用2％氢氧化钠溶液煮沸30min（已经使用并经过消毒灭菌处理的胶塞只需用沸水煮30min）或泡6~12h，用自来水洗净，烘干。然后泡入5％盐酸溶液30min，取出后用自来水和蒸馏水洗净、烘干。将可经受高压的器材装入铝盒内高压消毒，烘干备用。

（2）胶头可用75％酒精浸泡5min，经紫外灯照射后即可使用。

（3）离心管、枪头等：戴一次性手套，将其装入烧杯、广口瓶、铝盒或枪头盒中，直接进行高压灭菌，烘干备用。

（4）磁珠：先用洗衣粉或洗涤剂溶液浸泡，取出后用自来水冲干净，然后用75％酒精擦拭或浸泡，再用自来水冲洗，然后用蒸馏水冲洗数遍，烘干或晾干备用。

4）溶液的配制及消毒灭菌

以生理盐水为例：称取9g氯化钠置于1L定容瓶内，加双蒸水至1L，置于磁性搅拌器上，加入磁珠搅拌溶解，分装至500mL玻璃瓶内，加盖，盖子外面包扎几层报纸或纱布，经高压蒸汽灭菌后即可使用。注意：灭菌液体时，液体体积以不超容器3/4为好，为防高压蒸汽灭菌时发生爆炸，橡胶盖上需要插入不锈钢针头；塑料盖可不拧紧，使之处于松弛状态即可。瓶身等处用记号笔注明液体名称、配制人、配制时间。

2. 一般实验室环境的消毒

（1）机械性清除：清扫后一般的垃圾可不做特殊处理；特殊垃圾如含特殊化学试剂的垃圾，应严格按照要求统一包装后交给专业机构处理，如含微生物的垃圾进行高压灭菌、经过其他严格消毒处理或集中焚烧后才可丢弃。

（2）对地面、墙壁、门窗、桌面等，可用消毒药液喷洒或洗刷，常用的消毒药液有3％~5％煤酚皂溶液、10％~20％漂白粉乳、2％~5％烧碱溶液、10％草木灰水、0.05％~0.5％过氧乙酸等，可根据实际情况选用，可参考表1-2。消毒一定时间后，应打开门窗通风，使用清水冲洗用具，除去消毒药液的气味。

（3）安装有紫外灯的实验室还可在无人员时开紫外灯进行12h左右的照射消毒；对于安装有紫外灯的桌面，在实验操作前可进行30min照射消毒。注意防止紫外线辐射，确保无人在场。

表1-2 常用消毒药品的配制方法及用途

序号	消毒药品名称	常配浓度及方法	用途
1	来苏水（煤酚皂溶液）	3%~5%	器械、实验室地面、动物笼架、实验台消毒
		1%~2%	洗手；皮肤洗涤
2	新洁尔灭	0.1%	洗手；手术器械消毒
3	石炭酸（酚）	5%	器械消毒，实验室擦拭消毒
		1%	手术部位皮肤洗涤
4	漂白粉	10%	动物排泄物、分泌物、严重污染区域消毒
		0.5%	实验室喷雾消毒
5	生石灰	10%~20%	污染的地面和墙壁消毒
6	甲醛溶液（福尔马林）	36%	实验室蒸汽消毒
		10%	器械消毒
7	乙醇	75%	皮肤消毒
8	碘酒	碘 3~5g 碘化钾 3~5g 75% 乙醇加至 100mL	皮肤消毒，待干后以 75% 乙醇脱碘
9	高锰酸钾	0.1%	皮肤消毒，污染物表面消毒
		0.01%~0.02%	黏膜消毒
10	硼酸	硼酸 2g 蒸馏水 100mL	黏膜洗涤
11	依沙吖啶	依沙吖啶 1g 蒸馏水 100mL	各种黏膜消毒，创伤洗涤
12	过氧乙酸	5%	实验室喷雾消毒
		0.1%~0.4%	物品表面喷雾、浸泡或擦拭
13	氯己定	0.02%~0.05%	皮肤、黏膜消毒

第二节　实验动物的一般技术

一、实验动物性别的辨别

判断动物性别的依据主要是生殖器和第二性征。

1. 小鼠和大鼠

性成熟的动物性别判断比较容易，通过观察外生殖器的形状和位置就能判断。雄性动物生殖器与肛门间的距离较大，用手指轻捏外生殖器，可见阴茎凸出和阴囊膨起。雌性动物生殖器与肛门间的距离较小，并能看到阴道口，乳头明显。

幼鼠的性别可以通过会阴部生殖器与肛门间的距离来判断。两者之间距离较远的为雄性，距离较近且有1个无毛小沟的为雌性。

2. 豚鼠

通过外生殖器的形态可以判断豚鼠的性别。用拇指及食指将靠近生殖器的皮毛扒开，暴露出生殖器。雌性豚鼠外生殖器阴蒂凸起很小，按住凸起，拨开皱褶，可看到阴道口；雄性豚鼠外生殖器凸起较大，可以看到有包皮覆盖的阴茎的小隆起和突出的龟头。

3. 家兔

新生仔兔的性别判断比较困难，可根据肛门和尿道开口部之间的距离以及尿道开口部的形态来判断。①肛门和尿道开口部之间的距离：雄性是雌性的1.5~2倍，手指压靠近尿道开口处的下腹部，雌性仔兔的肛门和尿道开口部的距离不明显伸长，尿道开口依然指向肛门方向；雄性仔兔则距离明显伸长，尿道开口指向与肛门相反的方向。②尿道开口部的形态：雌性仔兔的尿道开口部的形态是裂缝，呈细长形；雄性仔兔尿道开口部的形态则是圆筒形。

成年雌性家兔可见阴道口存在和明显乳头存在。成年雄性家兔可见阴囊及其内的睾丸，有突出的外生殖器。

4. 犬、猴、猪

这些动物的性器官性别差异明显，出生后就可判断出雌雄，雄性动物有凸出来的阴茎和阴囊。雌性动物有明显的阴道口。

5. 蟾蜍

雄性者背部有光泽，前肢的大趾外侧有一个直径约1mm的黑色凸起，捏其背部时会叫，前肢多半呈曲环钩姿势；雌性无上述特点。

二、实验动物的分组及记号

1. 分组

1）分组原则

实验动物分组应严格按照随机分组的原则进行，使每只动物都有同等机会被分配到各个实验组中去，尽量避免人为因素对实验造成的影响。

2）建立对照组

实验动物分组时应特别注意建立对照组。对照组可分为自身对照组和平行对照组。

（1）自身对照组：把实验动物本身在动物实验前、后两个阶段的各项相关数据分别作为对照组和实验组的结果并进行统计学处理。

（2）平行对照组：分为正对照组和负对照组（空白对照组）。正对照组是对实验动物实施与实验动物相同但排除了所要观察的目的因子的处理，负对照组则不做任何处理。

2. 标记编号

标记编号方法应保证编号不对动物生理或实验反应产生影响，且号码清楚、易认、耐久和适用。目前常用的标记编号方法有染色法、耳孔法、烙印法、挂牌法等。

1）染色法

染色法是用化学药品在实验动物身体明显的部位，如被毛、四肢等处进行涂染，以染色部位、颜色不同来标记区分实验动物，是最常用、最易掌握的方法，适用于被毛为白色的实验动物，如大白鼠、小白鼠等。常用染色剂：3%~5%苦味酸溶液，可染成黄色；0.5%中性红或品红溶液，可染成红色；2%硝酸银溶液，可染成咖啡色（涂染后在可见光下暴露10min）；煤焦油酒精，可染成黑色。

常规的涂染顺序是从左到右、从上到下。左前肢为1号，左侧腹部为2号，左后肢为3号，头部为4号，背部为5号，尾根部为6号，右前肢为7号，右侧腹部为8号，右后肢为9号，不做染色标记为10号（图1-1）。此法简单、易认，在每组实验动物不超过10只的情况下适用。

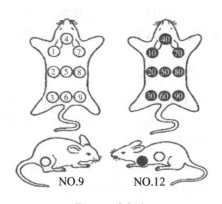

NO.9   NO.12

图 1-1 染色法

直接标号法：使用染色剂直接在实验动物被毛、肢体上编写号码的方法。实验动物太小或号码位数太多时，不宜采用此方法。

2）耳孔法

耳孔法是用打孔机直接在实验动物的耳朵上打孔编号，根据打在动物耳朵上的部位和孔的多少来区分实验动物的方法（图1-2）。用打孔机在耳朵上打孔后，必须用消毒过的滑石粉涂抹打孔局部，以免伤口愈合过程中使耳孔闭合。耳孔法可标记三位数之内的号码。另一种耳孔法是用剪刀在实验动物的耳郭上剪出缺口，作为区分实验动物的标记。

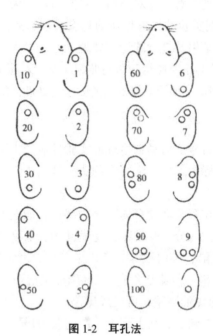

图1-2　耳孔法

3）烙印法

烙印法是直接把标记编号烙印在实验动物身体上的方法，犹如盖印章。烙印法有两种：对犬等动物，可将标记号码烙印在其皮肤上；对家兔、豚鼠等动物，可将数字号码钳在其耳朵上，刺上号码。烙印完成后，伤口涂抹溶于食醋中的黑墨等颜料，即可清楚读出号码。烙印法对实验动物会造成轻微损伤，操作时宜轻巧、敏捷，必要时可先麻醉实验动物，以减少痛苦。

4）挂牌法

挂牌法是将编好的号码烙印在金属牌上，挂在实验动物颈部、耳部、肢体或笼具上，用来区别实验动物的方法。金属牌应选用不生锈、刺激性小的金属材料，制成轻巧、美观的小牌子。

实验人员可根据实验动物品种、实验类型及实验方式，选择合适的标记编号方法。一般来说，大、小鼠多采用染色法，家兔宜使用耳孔法，犬、猴、猫较适合挂牌法，犬还可用烙印法。

三、实验动物的保定及麻醉

1. 实验动物的保定

抓取保定动物的方法依据实验内容和动物种类而定。正确的保定方法不损害实验动物的健康，不影响观测指标，同时保证实验人员不受伤害，使实验顺利进行。

1）小鼠

通常用右手提起小鼠的尾部，将其放在笼盖或其他粗糙表面上，在小鼠向前爬行时，迅速用左手拇指和食指捏住其双耳及颈后部皮肤，将小鼠置于左手掌心上，再以右手掌心、无名指和小指夹其背部皮肤和尾部，即可将其固定。

此外，在进行解剖、手术、心脏采血、尾静脉注射时，可将小鼠用线绳捆绑在木板上或固定在尾静脉注射架及粗试管中。

2）大鼠

抓取前戴上防护手套，右手轻轻抓住大鼠尾巴的中部并提起，迅速放在笼盖上或其他粗糙表面上，左手顺势按在大鼠躯干背部，稍加压力向头颈部滑行，以左手拇指和食指捏住大鼠两耳后部的头颈皮肤，其余三指和手掌握住大鼠背部皮肤，完成抓取保定。

3）豚鼠

捉拿时先用手轻轻按住豚鼠背部，顺势抓紧其肩胛上方皮肤，拇指和食指环其颈部，用另一只手轻轻托住其臀部，即可将豚鼠抓取保定。

4）蛙或蟾蜍

通常采用左手握蛙或蟾蜍，食指和中指夹住蛙或蟾蜍的两前肢，无名指和小指夹住蛙或蟾蜍的两后肢，固定于手中。

5）家兔

常用方法是右手把家兔的两耳拿在手心并抓住颈后部皮肤，提起家兔，然后用左手托住臀部，使兔呈坐位姿势。另一种方法是使用家兔保定栏，打开保定栏的前盖，抓取家兔放进栏内，右手抓住家兔耳朵，将头部拉过保定栏的开孔，迅速关上栏门。

2. 实验动物的麻醉

在进行急、慢性动物实验的过程中，必须先对实验动物进行麻醉，从而保证实验的顺利进行。麻醉必须适度，过浅或过深都会影响手术和实验的进程和结果，因此，好的麻醉效果是实施动物实验的关键，也是保障动物福利的重要内容。

1）常用麻醉药

麻醉药按其使用方法分为局部麻醉药和全身麻醉药两大类。前者常用于浅表或局部麻醉，后者分为挥发性和非挥发性麻醉药。挥发性麻醉药（如乙醚）作用时间短，麻醉深度易掌握，动物麻醉后苏醒快，但麻醉过程中要随时注意动物的反应，防止麻醉过量或实验动物过早苏醒。非挥发性麻醉药（如巴比妥、氯醛糖）作用时间较长，但实验动物苏醒慢，不易掌握麻醉深度。

常用实验动物常用麻醉药物的给药途径及参考剂量见表1-3。

表1-3 常用实验动物常用麻醉药的给药参考剂量

单位：mg/kg

药物名称	给药途径	狗	猫	家兔	豚鼠	大白鼠	小白鼠	鸟类
戊巴比妥钠	IV	25~35	25~35	25~40	25~30	25~35	25~70	
	IP	25~35	25~40	35~40	15~30	30~40	40~70	
	IM	30~40						50~100
苯巴比妥钠	IV	80~100	80~100	100~160				
	IP	80~100	80~100	150~200				
硫喷妥钠	IV	20~30	20~30	30~40	20	20~50	25~35	
	IP		50~60	60~80				
氯醛糖	IV	100	50~70	60~80		50	50	
	IP	100	60~90	80~100		60	60	
氨基甲酸乙酯（乌拉坦）	IV	100~2000	2000	1000	1500			
	IP	100~2000	2000	1000	1500	1250	1250	
	IM							1250
氨基甲酸乙酯＋氯醛糖	IV			400~500（+40~50）				1250
	IP							
水合氯醛	IV	100~150	100~150	50~70（慢）				
	IP				400	400	400	

资料来源：杨秀平，肖向红.动物生理学实验［M］.2版.北京：高等教育出版社，2009.

注：IV，静脉注射；IP，腹腔注射；IM，肌内注射。

2）全身麻醉方法

（1）吸入麻醉：是指麻醉药经过呼吸道吸入，产生中枢神经系统抑制，使动物暂时意识丧失而不感到周身疼痛的麻醉方法。对于挥发性麻醉药，如乙醚、异氟醚、安氟醚、氟烷等药物，采用吸入麻醉方法，可用动物专用麻醉仪器或密封、透明的玻璃容器等进行。

大、小鼠吸入麻醉：将被乙醚渗湿的消毒脱脂棉球或纱布放入容器，用塑料薄膜和绳封口或烧杯上面加盖、培养皿封口，观察动物的行为。动物先开始兴奋，继而出现抑制，自行倒下。当动物角膜反射迟钝、肌肉紧张度降低时，可取出动物；若实验时间长，可将实验动物固定在实验台上，将含有乙醚的脱脂棉球或纱布靠近其鼻部，保持吸入状态（最好放在可以通风的环境下，防止操作者被动吸入而影响实验操作）。

家兔吸入麻醉：按相应方法抓取、固定家兔，将被适量乙醚渗湿的口罩按在家兔的鼻和口腔部，观察动物的行为、呼吸等状况。动物兴奋后，肌肉紧张度逐渐降低，1~2min后，从动物后腿开始出现麻痹现象，而后失去运动能力。此时，以针头刺家兔后肢，如无缩腿反应，则痛觉消失；再以棉球丝接触角膜，如家兔没有眨眼，则角膜反射消失，表示动物已处于麻醉状态，可进行下一步实验操作。

（2）注射麻醉：常用乌拉坦、戊巴比妥钠等药物，给药途径有静脉注射、腹腔注射、肌内注射、皮下注射。

3）局部麻醉方法

（1）浸润麻醉：是将麻醉药注入手术部位、皮下、黏膜及深部组织以麻醉感觉神经末梢或神经干，使之失去感觉和传导刺激能力的方法。根据浸润麻醉注射部位不同，分为直接浸润麻醉法（将麻醉药直接注射到切口部位）和封闭浸润麻醉法（将麻醉药物注射于切口外围）。常用质量浓度为0.5%~1%的普鲁卡因、利多卡因等药物。

（2）椎旁麻醉：一般用于腹部手术的麻醉。若与浸润麻醉配合应用，效果更佳。

注射部位：于最后胸椎与第一腰椎的椎间附近，第一与第二腰椎及第二与第三腰椎的椎间孔处，麻醉最后一对胸神经及第一和第二对腰神经。

麻醉药可用2%普鲁卡因，每穴注射10~15mL。针头刺入的深度是麻醉能否成功的要素。一般在估计已达到横突水平之下时，即可注射，注射时针头应上下左右略加移动，以增加注射的范围，保证注射到神经附近。通常在注射后约10min即实现麻醉。

对于营养状况良好的动物，由于其背部肌肉很厚，进行椎旁麻醉较困难时，可做腰旁麻醉，该法注射部位一般在腰椎横突的游离端。

四、实验动物的注射方法

在动物生理学实验中，注射给药方法有很多，其中皮下注射、腹腔注射、静脉注射、肌肉注射是最常用的方法；个别情况下还可以做皮内注射、直肠灌入等。应根据药物的性质、数量及实验动物和实验内容的具体情况选择合适的方法进行注射。

1. 皮下注射

将药液注射于皮下结缔组织内，经毛细血管、淋巴管吸收进入血液，发挥药效，从而达到防治疾病的目的。凡是易溶解、无强刺激性的药品及疫苗等，某些局部麻醉，不能口服或不宜口服药物而要求在一定时间内发挥药效时，均可做皮下注射。

注射部位多选在皮肤较薄、富有皮下组织、活动性较大的部位，大型动物在颈部两侧；猪在耳根后或股内侧；羊在颈侧、背胸侧、肘后或股内侧；犬、猫在背胸部、股内侧、颈部和肩胛后部；禽类在翼下。注射时，先于局部剪毛，用5%碘酒消毒。左手中指和拇指捏起注射部位的皮肤，同时用食指尖下压使其呈皱褶陷窝，右手持连接针头的注射器，针头斜面向上，皱褶基部陷窝处与皮肤呈30°~40°，刺入针头的2/3（根据动物体型的大小，适当调整进针深度），此时如感觉针头无阻抗，且能自由活动，左手把持针头连接部，右手抽吸无回血即可推压针筒活塞注射药液。当需注射大量药物时，应分点注射。注射完后，左手持干棉球按住刺入点，右手拔出针头，局部消毒，必要时可对局部进行轻轻按摩，促进药液吸收。当要注射大量药液时，应利用深部皮下组织注射，这样可以延缓吸收并能辅助静脉注射。

2. 静脉注射

用于大量的输液、输血；用于以治疗为目的的急需速效的药物（如急救、强心等）或注射药物有较强的刺激作用，又不能皮下注射，只能通过静脉内才能发挥药效的药物。注射药液的温度要尽可能地接近体温。

大动物站立保定，使头稍向前伸，并稍偏向对侧。小动物可行侧卧保定或俯卧保定。注射部位：牛、马、羊、骆驼、鹿等均在颈静脉的上1/3与中1/3的交界处；猪在耳静脉或前腔静脉；犬、猫在前肢腕关节正前方偏内侧的前臂皮下静脉和后肢趾部背外侧的小隐静脉，也可在颈静脉；禽类在翼下静脉；特殊情况下，牛也可在胸外静脉及乳房（母牛）静脉；兔在耳缘静脉；啮齿类动物一般在尾静脉（尾部背面）。

3. 腹腔内注射

这是一种利用药物的局部作用和腹膜的吸收作用，将药液注入腹腔内的注射方法，当静脉管不宜输液时可用本法。腹腔内注射对于大动物较少应用，而对小动物经常采用。注射部位：牛在右侧腋窝部；马在右侧腋窝部；犬、猪、猫宜在两侧后腹部；猪在第五、第六乳头之间，腹下静脉和乳腺中间也可进行；小鼠可在脐后面的白线或白线两侧穿刺。

注射方法：术者一只手把握腹侧壁，另一只手持连接针头的注射器在距耻骨前缘3~5cm处的中线旁，垂直刺入。刺入腹腔后，摇动针头有空虚感，即可注射。腹腔内有各种内脏器官，在注射或穿刺时，容易受到损伤，所以要特别注意。小动物腹腔内注射宜在空腹时进行，防止腹压过大而误伤其他脏器。

4. 直肠灌入

直肠灌入是通过肛门将药物送入肠管，通过直肠黏膜的迅速吸收进入大循环，发挥药效以治疗全身或局部疾病的给药方法。直肠给药的主要方法有三种：保留灌肠法、直肠点滴法、栓剂塞入法。灌入的药液应提前加热至体温。提前将动物禁食12h以上，灌入药物后为了防止药液回流，可用棉塞封闭肛门，按压2~3min。

五、急性及慢性实验后的动物处理方法

1. 急性实验后的动物处理方法

动物经过急性实验后即行死亡，所以每次实验时，都应尽量合理利用动物。实验结束需要终结实验动物生命时，必须采用人道的手段终止实验动物生命，例如，大、小鼠

可用颈椎脱臼法等，兔子和豚鼠可通过静脉注射空气针或棒击法，犬和猪可用麻醉下主动脉放血法等。开展动物实验所产生的无潜在危害的实验动物尸体、脏器，应记录相关信息，由专人集中贮存并进行无害化处理。有潜在危害及感染性的动物尸体和废弃物，消毒后用专用塑料袋严格包装，由持有许可证的动物尸体和废弃物处置机构运走，及时进行无害化处理。此外，实验动物尸体严禁食用和出售。

2.慢性实验动物的护理和处理方法

慢性实验一般提前在无菌环境下对动物进行具体的手术，待术后恢复再进行相关的研究。对待慢性实验动物，需要细心和耐心，否则容易造成实验结果不准确。术后每天检测记录动物的生理指标，特别注意有无术后出血或其他并发症，并及时处理。预防和控制术后感染尤为重要，应每日清创消毒，采取措施防止动物啃咬、摩擦、踩踏等。对于有慢性瘘管的动物要特别加以照顾，以免损伤手术部位及瘘管；对肠的体外吻合瘘管，要经常用细的橡皮管疏通，以免堵塞，每星期应疏通2~3次。此外，术后应给予合理的饲养，及时补充营养，允许适量运动以促进恢复。需时较长的实验不能每天进行，以免动物过于疲劳。饲养观察期间每次清除出来的正常动物的污秽垫料以及实验完毕后必须处死的实验动物的尸体必须用专用塑料袋包装，按规定进行无害化处理。

第三节　动物生理学手术基本知识

对动物生理学实验动物施行外科手术，可提供急性或慢性实验动物模型，以观察和探讨某种生命活动规律。本节主要介绍动物生理学手术的术前准备、手术实施和术后动物护理的要点。

一、术前准备

1.手术的组织和分工

参与手术的所有人员事先应了解自己的职责，了解整个手术进程、手术目的及手术中注意事项，在制定手术方案时要经过充分讨论，做到人人心中有数，只有手术中所有人员相互协调、紧密配合，才能使手术顺利完成。一般有如下人员：

（1）术者：手术的主要负责人，手术的组织、指挥者，执行主要手术操作，决定采取应急措施等。

（2）助手：手术时协助术者进行手术，较大手术需多名助手。第一助手负责止血、拉线、结扎、缝合等；第二助手负责止血、把钩、清理手术部位等。

（3）器械师：术前负责器械及敷料的装备和消毒工作；术中负责器械的选择、供给及清理器械。

（4）洗手护士：穿针、供给敷料。

（5）麻醉师：负责术前麻醉，并在术中管理麻醉、掌握并及时报告实验动物生理状况。

（6）保定员：负责动物保定，协助麻醉师。

2. 术前人员准备

上述所有人员的组织分工可根据具体情况适当增减、灵活掌握，可1~3人，也可2~8人，除麻醉师和保定员外，其余人员都直接或间接参与操作，因此均应洗手、规范着装和消毒。其中，术者是手术的关键人物，术前应做好思想、身体与业务方面的充分准备。所有人员要注意休息，以保证有充沛的精力做好手术；术前不要饱食和饮用过多流质食物。

3. 术前器械、药品准备

1）金属器械的准备

依据手术种类及大小准备相应的器械。准备器械一般有两种方法：一是按手术操作步骤，逐一列出所需物品，避免遗漏；二是在常规手术器械的基础上，根据手术的种类要求，增加特殊的器械，如骨科器材等。

金属器械的消毒灭菌除了可按照第一节所述方法外，一些非带刃的切割器械也可使用煮沸灭菌方法。在高压灭菌锅中装入蒸馏水（水量应能没过放置器械的带有漏水孔的托盘），水中加入2%的碳酸氢钠，加热煮沸3min后放入装有器械的托盘，继续加热，保持20min后取出，按类摆放在火焰灭菌过的器械盘中，覆盖创巾后将器械盘放入60~70℃干燥箱中烘干备用。注射器等玻璃器皿也可以用煮沸法灭菌。带刃的金属器械还可用苯扎溴铵（新洁尔灭）溶液以1：1000稀释液，再加0.5%亚硝酸钠防锈剂后浸泡消毒。浸泡时间不得少于30min。使用前用灭菌创巾擦干。浸泡液可反复使用若干次。

2）敷料、衣服的准备

敷料包括止血纱布、棉球、棉塞和棉花棒。除用作酒精棉和碘酒棉的棉球以外，其余敷料分别适量包装后放在贮槽内。打开贮槽气孔后置于高压灭菌锅内，经1.5个标准大气压灭菌30min，然后置于60~70℃干燥箱中烘干待用。按手术操作顺序，先用的敷料应放在贮槽最上层，后用的敷料可放在底层。

隔离服（衣、裤）、帽、口罩和创巾、器械巾、桌布等，不须装入贮槽，可另外包装后高压蒸汽灭菌。灭菌程序、要求及灭菌后烘干等操作同敷料。

3）药品的准备

动物生理学手术常用的药品包括各种消毒药、麻醉药、急救药及术后护理药等，要根据手术要求备足品种与数量，防止意外事故发生或临事慌乱。

4. 实验动物的准备

1）健康检查

检查项目主要应包括体重、体温、呼吸频率和心率的测试。必要时还要进行专项检查，如血红蛋白、红/白细胞计数、凝血试验和药物敏感试验等。

2）备皮（术部皮表的准备）

准备工作于术前12h进行，动物全身洗刷，手术部位区域剪毛、剃毛或用脱毛膏脱毛，彻底洗净后再涂擦碘酒，最后用两层纱布铺盖剃毛部位（纱布四角用胶条固定）。

脱毛膏的配制方法：①硫化钠3份，肥皂粉1份，淀粉7份，加水混合，调成糊状软膏；②硫化钠8g溶于100mL水内，配成8%硫化钠水溶液；③硫化钠8g、淀粉7g、糖4g、甘油5g、硼砂1g、水75mL，调成糊状。

3）动物术前禁食

这是极为重要的，不仅可以避免麻醉兴奋期可能引起的呕吐而污染手术场地，也能预防肠管膨胀、腹压过高引起的呼吸困难、循环障碍等并发症。在施行消化管手术时，更应进行彻底禁食，必要时还应进行灌肠处理。

另外，手术室（或施行手术场地）、手术台等与手术活动相接触的环境，也应在术前进行清扫并消毒。

二、手术实施

1. 手术实施前工作

主要工作内容包括动物的麻醉与保定、手术部位的最后消毒、手术人员的着装和手的消毒。相关消毒液的配制可见表1-2。

1）动物的麻醉与保定

可以根据手术的种类、复杂程度和动物种类，选择适当的麻醉药品和麻醉方式。动物的保定是保证人和动物安全、手术顺利进行的重要前提。动物的保定既要牢实可靠，也要防止肢端捆绑过紧、时间持续太长，以免造成皮肤勒伤、末梢麻痹，甚至缺血性坏死等。当手术持续时间较长时，每隔20min左右应将各捆绑部位轮流松绑一段时间。在手术麻醉过程中注意以下几点：①保持动物呼吸道畅通；②防止动物受伤；③保护动物的伤口；④维持动物的体温。由于麻醉动物失去了维持体温的能力，它们需要护理人员提供保暖物品，如毯子、电热板和热水袋。

2）术部的最后消毒

保定后，进行手术前的最后消毒。先以碘酒涂布（在手术部位涂布时以伤口为圆心由外向内一圈一圈地涂，无菌手术部位由内向外一圈一圈地涂），再以消毒酒精脱碘。脱碘后铺盖手术巾即可开始手术。

3）手术人员的着装和手臂、手的消毒

将已经消毒的衣包打开，先戴帽子，帽子的前沿直达眉毛上方，要将全部头发遮盖，然后戴上口罩（遮住鼻孔和口），穿上衣服，将衣袖卷到肘关节以上，以便洗涤手及手臂。手臂用肥皂及刷子刷洗后，再浸入新洁尔灭溶液（1∶1000）或氯己定、杜米芬溶液中5~10min，用消毒后的干纱布擦干后戴手套。戴手套有干戴法和湿戴法两种：

干戴时两手先涂擦消毒的滑石粉，再戴消毒的乳胶手套；湿戴法是将消毒的生理盐水灌入手套中，将手插入后将手套内的积水自肘端放出，最后放下衣袖并将袖口塞入手套的腕部。如果不戴手套施术，可在洗刷手臂及手之后用酒精涂拭，并用碘酒棉涂擦指甲缝及手指皱褶。注意：已经消毒好的手臂不可再与任何未消毒的物品接触，手术前，可弯曲手臂放于胸前或用灭菌纱布掩盖。

2. 手术实施

手术基本操作主要由切割分离、止血和缝合三个基本要素组成。

1) 切割分离

①锐性切割：指使用带刃器械（刀、剪）做切开，常用于皮肤、腱质等较厚硬的组织；②钝性分离：指使用非带刃器械（止血钳）或手指做钝性分离，常用于皮下结缔组织、脂肪等较纤薄的组织。较大的肌肉组织，一般顺着肌纤维走向做钝性分离，以避免或减少切断血管，只是在不切割不足以打开手术通道时，才做锐性分离。

切割时要正确执握和使用各种手术器械，例如切开皮肤时另一只手固定并绷紧皮肤，使切线平直。切割肌膜或腹膜时为避免损伤其下层组织，使用有钩探针法切开，或用镊子夹起再进行切割。切开皮肤时先以刀尖与皮面垂直刺入皮肤，随即刀柄放平约呈45°，使用刀刃凸起部分边拉边切，切至所需切口长度时将刀柄垂直，使整个切线平直、深度一致。如果第一刀切不透，再切时应严格对正原先切痕，不能切成锯齿状或将切线尾部切成鱼尾纹状。

2) 止血

小动脉出血时，先用止血钳准确夹闭血管断端，结扎后除去止血钳；应尽量躲开较大的血管，不能躲开时先作双重结扎再剪断；小血管出血或静脉渗血，可采用纱布压迫止血法。

3) 缝合

缝合有单纯缝合（包括连续缝合和间断缝合）、内翻缝合和外翻缝合三类。其中，连续缝合较快捷而紧密，存在于组织的缝合线（是组织的一种异物）较少，在深部缝合时不需拆线，适用于皮下深部组织以及内脏器官修复和消化管瘘管手术等。连续缝合的起针和尾针应打结牢靠，杜绝打滑结，以免线头脱结后全线开裂。间断缝合多用于皮肤切口的闭合，深部组织的切口缝合有时也采用间断缝合，尤其是当手术部位张力较大，切口容易被两侧牵拉时，更适宜采取此种缝合形式，因为可以防止个别缝线断折导致的全部切口的开裂。

3. 手术结束后工作

1) 手术现场的打扫、整理和手术器械的回收、清洗

这项工作使手术现场和手术器具、装置等恢复手术前状态。尤其要注意清点敷料与手术器械的数量，核对与术前准备的数量是否相符，如发现有缺少现象，应及时查清。

2）动物醒麻及术后护理

手术结束后有关人员（主要是麻醉师、保定员）应负责监护动物的整个醒麻过程，待动物完全清醒后，移交给术后护理人员。在动物从麻醉中恢复的过程中，护理人员要特别注意，因为动物刚清醒时，可能比较兴奋，可能会乱叫乱咬，对外界刺激也比较敏感。在这个过程中要尽量减少噪声，有必要的话可以创造一个黑暗的环境。在移动动物的时候，需用纱垫保护动物肢体。

三、术后动物护理

1. 术后饲养管理

首先要确定复食时间。由于动物清醒后吞咽反射并不同步恢复正常，因此术后不要立即给动物喂食，以免导致误咽性肺炎等并发症。复食初期应喂以流质、易消化的食物，注意食物中能量和营养素要合理调配。

2. 临床监护

定时进行临床检查和观察，检查体温、脉搏、呼吸、粪、尿等临床指标，必要时采血、尿样本作专项临床生化测定，全面掌握实验动物健康情况。加强手术部位护理，防止污染和动物自己啃咬伤口，要及时更换弄脏的敷料。如发生较严重的手术部位感染，应按外伤治疗原则进行处理。

3. 及时拆线

拆线指拆除皮肤缝线，一般于术后7~8天进行，先用碘酒消毒创口、缝线处及其周围区域，将线结用镊子提起，用剪刀贴紧皮肤剪断，然后由对侧将线拉出，再次以碘酒消毒。

第二章　动物生理学实验

实验一　蛙坐骨神经腓肠肌标本制备

【实验目的】

（1）学习捣毁蛙类动物大脑和脊髓的实验方法。

（2）熟悉蛙类动物坐骨神经腓肠肌标本的制备方法，初步掌握基本实验操作方法。

【实验仪器材料工具】

青蛙或蟾蜍、解剖器械、培养皿、烧杯、任氏液、棉花、线、锌铜弓。

【实验原理】

蛙类动物的一些基本生命活动和生理功能与恒温动物类似，而其组织在离体状态下，易于控制和掌握，所以蛙类的神经腓肠肌标本常用以研究兴奋性、兴奋过程、刺激的一些规律和特性。

【实验内容与步骤】

1.破坏大脑和脊髓

取蛙1只，用蛙针从枕骨大孔垂直插入，向前伸入颅腔，捣毁大脑；向后插入椎管，捣毁脊髓。彻底捣毁脊髓时，可看到蛙后肢突然蹬直，然后瘫软。操作过程中应注意使蛙的头部朝向外侧，不要挤压耳后腺，防止耳后腺分泌物射入实验者眼内。如果蛙处于瘫痪状态，表示大脑和脊髓完全破坏。然后沿两侧腋部将蛙横断为上、下两半，并将上半段弃去，保留下半段备用。

2.剥去皮肤

先剪去尾椎末端及泄殖腔附近的皮肤，然后从脊柱的断端撕下皮肤，将其全部剥去，直至趾端。除去内脏，将标本放在滴有任氏液（林格式液）的蛙板上。将手及使用过的解剖器械洗净。

3. 分离标本为两部分

沿脊柱正中线将标本匀称地剪成左右两半，一半浸入盛有任氏液的烧杯中备用，另一半进行进一步剥制。

4. 分离坐骨神经

用玻璃钩在大腿背侧的半膜肌与股二头肌之间分离出坐骨神经。注意分离时要仔细用剪刀剪断坐骨神经的分支，向上分离至基部，向下分离至腘窝。保留与坐骨神经相连的一小块脊柱，将分离出来的坐骨神经搭于腓肠肌上；去除膝关节周围及以上的全部大腿肌肉，刮净股骨上附着的肌肉，保留的部分就是坐骨神经及股骨。

5. 分离腓肠肌

在跟腱上扎一根线，提起结线，剪断结线后的跟腱，腓肠肌即可分离出来。将膝关节下方的其他组织全部剪去，此时带有股骨的坐骨神经腓肠肌标本制备完成。

6. 标本的检验

将坐骨神经腓肠肌标本放置在蛙板上，用镊子刺激坐骨神经，若腓肠肌迅速发生收缩反应，说明标本机能良好，制备成功。应及时将其移放至盛有任氏液的培养皿中，供实验之用。

【注意事项】

（1）剥制标本时，切忌以金属器械牵拉或触碰神经干。
（2）分离肌肉时应按层次剪切。分离神经时，必须将周围的结缔组织剥离干净。制备标本过程中经常用任氏液湿润去皮的标本。

【实验结论及问题讨论】

（1）剥去皮肤的后肢，能用自来水冲洗吗？
（2）如何保证标本机能正常？

实验二　反射弧的分析

【实验目的】

通过实验证明，任何一个反射，只有当实现该反射的反射弧存在并且完整的情况下才能出现；学习测定反射时的方法。

【实验仪器材料工具】

0.5%或1%硫酸、1%普鲁卡因、蛙或蟾蜍、解剖器械、铁支柱、烧杯、玻璃皿、滤纸片、线、纱布、棉球、任氏液、秒表。

【实验原理】

机体在中枢神经系统参与之下，对刺激所发生的反应叫作反射。反射弧是反射的解剖学基础（反射弧一般包括感受器、传入神经、中枢、传出神经、效应器五个部分）。要引起反射，反射弧必须完整，反射弧的任何一个部分受到破坏，反射即不能出现。

【实验内容与步骤】

1. 脊蛙制作

取蛙1只，用蛙针自枕骨大孔垂直插入，向前伸入颅腔，捣毁全部脑髓（或用剪刀剪除脑部），将之平放在解剖盘上。若其不能翻身，则说明脑部去除干净。将其制成脊蛙，用蛙嘴夹夹住脊蛙下颌，悬于支架上，待脊休克恢复后进行下列实验。

2. 观察正常反射活动

（1）将蛙的一侧后腿浸入0.5%或1%硫酸中（浸入时间不超过10s），或者直接用镊子夹其后肢趾部，观察其屈腿反射。

（2）将浸入0.5%或1%硫酸的小块滤纸贴在脊蛙腹部皮肤上，观察其搔扒反射。注意：当反射出现后，迅速以清水将皮肤上的硫酸洗净。

（3）用秒表测定脊蛙反射时，取3次测得结果的平均值。

3. 依次破坏反射弧的相关结构

（1）用剪刀在同一侧的后肢趾端基部环切皮肤，然后用手术镊剥净长趾上的皮肤。再以上述方法刺激，观察结果。

（2）在另一侧后肢股部的背侧，沿坐骨神经的方向将皮肤做一切口，将坐骨神经（此神经包括传出和传入神经纤维）分出，并在下面穿一根线，以便将神经提起后直接剪断（也可将蘸有1%普鲁卡因的小棉球置于神经干下），约经30s后，再以同样方法刺激，结果如何？如仍有反射出现，则以后每隔1min刺激1次，直到不引起反射为止。当反射消失时，迅速以浸有0.5%或1%硫酸的小块滤纸贴于与该后肢同侧之躯干部的皮肤上，观察结果，分析原因。

（3）破坏中枢：将滤纸取下，用任氏液冲洗，待反射恢复后，用探针将脊髓破坏，再刺激身体任一部位，观察有无反射出现。

【数据记录表及处理】

表 2-1　实验动物反射活动数据记录表

项目	屈腿反射	搔扒反射
正常反射活动		
破坏趾部皮肤感受器后反射活动		
麻醉或剪断坐骨神经（含传入和传出神经纤维）后反射活动		
破坏中枢后反射活动		

【实验结论及问题讨论】

（1）通过实验，你发现反射活动的完成需要哪些结构的参与？

（2）机体机能活动的调节有几种方式？

（3）什么是脊动物？如何制作脊动物？

实验三　生物电现象的观察

【实验目的】

通过实验证明生物电现象的存在。

【实验仪器材料工具】

蛙或蟾蜍、蛙针、眼科剪、外科镊、眼科镊、玻璃分针、蛙板、锌铜弓、烧杯、任氏液。

【实验原理】

生物电现象包括静息电位和动作电位两种形式。静息电位是指细胞未受刺激时存在于细胞膜内外两侧的电位差，其表现为膜同侧表面上各点间电位相等，通常呈膜外为正、膜内为负的极化状态。当细胞受到刺激而发生兴奋时，细胞膜原来的极化状态迅速消失，继而发生倒转和复原等一系列电位变化，称为动作电位。神经肌肉标本的神经受到电刺激时，能产生可传导的动作电位，该电位可引起神经肌肉标本中的肌肉收缩。将神经肌肉标本置于存在电位差的两个部位（如正常部位与损伤部位、兴奋区与静息区）之间，会引起神经兴奋，进而可观察到肌肉的收缩，从而证明静息电位和动作电位的存在。

【实验内容与步骤】

1. 实验准备

制备甲、乙两个坐骨神经腓肠肌标本，用锌铜弓刺激检查标本的兴奋性是否正常（具体制作过程参考实验一）。

2. 实验项目

（1）将甲标本的神经搭于乙标本的肌肉上，再用锌铜弓刺激乙标本的坐骨神经，观察甲标本的肌肉是否收缩，思考原因。

（2）将乙标本的腓肠肌剪一个伤口，再将甲标本的坐骨神经轻置于肌肉的损伤部位，另一点置于正常部位，观察神经接触肌肉时，甲标本的腓肠肌是否收缩，思考原因。

【注意事项】

（1）神经肌肉标本应使用锌铜弓检查兴奋性是否正常。

（2）标本制备好后应立即进行实验。

【实验结论及问题讨论】

（1）什么是生物电现象？什么是静息电位和动作电位？

（2）什么是神经冲动？

实验四　血液凝固实验

【实验目的】

了解血液凝固的机理以及加速和延缓血液凝固的一些因素。

【实验仪器材料工具】

兔（或鸡）、注射器、75%酒精棉球、试管架、试管、10%草酸钾、3.8%柠檬酸钠、肝素、5%乙二胺四乙酸二钠。

【实验原理】

血液凝固是复杂的生物化学过程，包括三大步骤：凝血酶原激活物的形成、凝血酶的形成和纤维蛋白的形成。常用促凝方法为血液与粗糙面接触，活体注射维生素K。常用抗凝措施包括移除血浆中的钙离子（如化学试剂柠檬酸钠、草酸钾、乙二胺四乙酸二钠）、低温保存、血液与光滑面接触等。

【实验内容与步骤】

1.血液样品的采集

供检验用的血液样品，一般采集于静脉，大动物采血量较多，而小动物和实验动物采血量少，应根据检验目的、动物种类和病情酌定采血量。一般根据检测项目的检验方法和对标本的要求不同，临床检验采用的血液标本分为全血、血清和血浆。全血主要用于血细胞成分的检查，血清和血浆则用于大部分临床化学检查和免疫学检查。各种动物的采血部位见表2-2。

表 2-2　各种动物的采血部位

采血部位	动物	采血部位	动物
颈静脉	马、牛、羊、幼犬、猫	翅内静脉	家禽
前腔静脉	猪	心脏	兔、家禽、豚鼠
隐静脉	犬、猫、猪	断尾	猪
前臂头静脉	犬、猫、羊	脚掌	鸭、鹅
耳静脉	猪、羊、犬、猫、兔	冠或垂冠	鸡

常规先用碘酒消毒，1min 后用酒精消毒，再扎止血带（如在进行犬、猫的隐静脉或前臂头静脉采血时），以采血针斜面向上，45°进针，针尖进入血管就平行进针。针进入血管即可抽血。

2.血液凝固实验

取5支试管，分别按表2-3加入相应试剂或处理。

表 2-3　血液凝固实验处理表

试管号	1	2	3	4	5
处理	10%草酸钾0.2mL	3.8%柠檬酸钠0.2mL	放入 4℃冰箱	手中握紧或放入38℃恒温箱内	不处理

每支试管加入血液0.8mL后，即可开始计时，每隔30s倾斜1次，观察血液是否凝固，至血液成为凝胶状不再流动为止，记录所经历的时间。

【注意事项】

新鲜血液与抗凝剂应及时颠倒混匀几次，但混合时应避免动作剧烈而导致红细胞破裂。

【数据记录表及处理】

表2-4　血液凝固实验结果

试管号	1	2	3	4	5
处理	10% 草酸钾 0.2mL	3.8% 柠檬酸钠 0.2mL	放入 4℃冰箱	手中握紧或放入38℃恒温箱内	不处理
凝血时间					

【实验结论及问题讨论】

（1）通过实验，你发现哪些因素可以促进凝血？哪些因素可以延缓凝血？

（2）血液凝固的过程是怎样的？

（3）为什么正常动物体内的血液不会凝固？

实验五　血液的组成及红细胞比容的测定

【实验目的】

了解血液的组成，区别血浆和血清；了解测定红细胞比容的方法。

【实验仪器材料工具】

兔（或鸡）、注射器、采血针、75%酒精棉球、试管架、试管、10%草酸钾、3.8%柠檬酸钠、离心机、天平、毛细玻璃管（内径1.8mm，长75mm）或温氏分血管。

【实验原理】

加入抗凝剂处理的全血由血浆（水、晶体和蛋白质）和血细胞（红细胞、白细胞和血小板）组成，红细胞在全血中的容积比值，即红细胞比容（压积）。血清是血液外自然凝固成血块后所析出的淡黄色清亮液体；血浆是抗凝处理的血液离心后上层微黄色或无色的液体部分。血清和血浆的主要区别：血清中没有纤维蛋白原，因为纤维蛋白原已转变成纤维蛋白而留在了血块中。

【实验内容与步骤】

（一）血液的组成实验

（1）将抗凝剂加入试管中，而后采血2mL加入试管中，轻轻混匀后置于-4℃冰箱中过夜或按照3000r/min离心30min，观察血液的组成（上层淡黄色液体为血浆，下层为血细胞）。

（2）不加抗凝剂，采血2mL直接加入试管中，静置数分钟后血液凝固，观察到析出的清亮液体即血清。

（二）红细胞比容的测定

1.微量毛细管比容法

（1）以抗凝剂湿润毛细管内壁后吹出，让壁内自然风干或置于60~80℃干燥箱内干燥后待用。

（2）取血：常规消毒，穿刺趾（或尾）尖，让血自动流出，用棉球擦去第一滴血，待第二滴血流出后，将毛细管的一端水平接触血滴，利用虹吸现象使血液进入毛细管的2/3（约50mm）处。

（3）离心：用酒精灯熔封或用橡皮泥、石蜡封堵其未吸血端，然后封端向外放入专用的水平式毛细管离心机，以12000r/min离心5min。用刻度尺分别量出红细胞柱和全血柱高度。计算其比值，即得出红细胞比容。

2.温氏分血管比容法

（1）取1支温氏分血管，用抗凝剂处理后烘干备用。

（2）用带有长注射针头的注射器，取抗凝血2mL注入温氏分血管的底部，缓慢注入，边注入边抽出注射针头，使血液精确到10刻度处，用胶布封口，编号。

（3）将温氏分血管以3000r/min离心30min，取出温氏分血管，读取红细胞柱的高度，再以同样的转速离心5min，读取红细胞柱的高度，如果记录相同，表明红细胞已被压紧，其读数为红细胞比容。如读数为4mm，表示红细胞比容为40%。

【注意事项】

（1）离心后，如红细胞表面是斜面，则取倾斜部分的均值。

（2）用抗凝剂湿润的毛细管（或温氏分血管）内壁要进行充分干燥。

（3）血液进入毛细管内的刻度读数要精确，血柱中不得有气泡。

【数据记录表及处理】

表 2-5　血液的组成

血液组成	加抗凝剂	不加抗凝剂
上层		
下层		

表 2-6　红细胞比容的测定

动物 1	动物 2	动物 3	动物 4	平均值 ± 标准差

注：报告该实验动物的红细胞比容，并将全班的结果加以统计，用平均值±标准值表示。

【实验结论及问题讨论】

（1）通过实验，你发现血液是由哪些成分组成的？

（2）测定红细胞比容的实际意义是什么？

实验六　光学显微镜的使用

【实验目的】

了解光学显微镜的基本原理，熟练掌握显微镜的使用方法及注意事项。

【实验仪器材料工具】

光学显微镜、载玻片、记号笔、香柏油、二甲苯、擦镜纸、酒精、乙醚等。

【实验原理】

光学显微镜主要由目镜、物镜、载物台和反光镜组成，利用凸透镜的放大成像原理，将人眼不能分辨的微小物体放大到人眼能分辨的尺寸。由光源射入的光线经聚光镜聚焦于被检标本上，使标本得到足够的照明；由标本反射或折射出的光线经物镜放大，在目镜的视场光阑处形成放大的实像，此实像再经接目透镜放大形成虚像。

油镜的晶片细小，进入镜中的光量亦较少，其视野较暗。当油镜与载玻片之间为空气所隔时，因为空气的折光指数与玻璃的不同，一部分光线被折射而不能进入镜头之内，使视野更暗；若在镜头与载玻片之间放上与玻璃的折光指数相近的油类，如香柏油等，则光线不会因折射而损失太多，从而使观察者的视野得到充分照明，能清楚地进行观察和检查。

【实验内容与步骤】

1. 准备工作

（1）取镜：用右手紧握镜臂，左手托住镜座，平稳地将显微镜放置于实验台上。

（2）安放：将显微镜放于桌面稍偏左的位置，镜座离桌子边缘7cm左右，右侧可放记录本。

（3）对光：转动物镜转换器，使低倍镜头正对载物台上的通光孔。将聚光器上的虹彩光圈拧到最大位置，用左眼观察目镜中视野的亮度。

（4）光照调节：通过插电获得光源的显微镜，在通电后可通过调节旋钮来调节光照强度；非通过插电获得光源的显微镜，可利用灯光或自然光，通过反光镜调节来获得光源，再通过调节光圈来调节光照强度。光照调节至视野的光照达到最明亮、最均匀为止。注意利用反光镜获取光源对光照强度进行调节时，当光线较强时用平面反光镜，当光线较弱时用凹面反光镜。

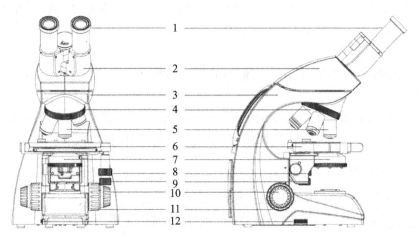

1—目镜；2—目镜筒；3—镜架；4—物镜转盘；5—物镜；6—载物台（台上有样品夹）；7—聚光镜；8—水平控制旋钮 X；9—水平控制旋钮 Y；10—细准焦螺旋；11—粗准焦螺旋；12—光强控制旋钮

图 2-1　普通生物光学显微镜

2. 操作步骤

（1）低倍物镜观察。将载玻片用记号笔写上A字后放于载物台上，使玻片中被观察的部分位于通光孔的正中央，用标本夹夹好载玻片，转动转换器使低倍物镜对准通光孔。先转动粗准焦螺旋，从侧面观察，使载物台上升至物镜距标本片约5mm处。然后用目镜观察，同时调节粗准焦螺旋，直到视野中出现清晰的物像为止。

（2）高倍物镜观察。先在低倍物镜下把需进一步观察的部位调到中心，同时把物象调节到最清晰的程度。转动转换器，调换上高倍物镜。从目镜观察，调节光照，使亮度适中，缓慢调节粗准焦螺旋，使载物台上升，直至物像出现；再用细准焦螺旋微调至物像清晰为止。

（3）油镜观察。在高倍物镜观察的基础上，将需观察的部位移至视野中央再进行观察。将聚光镜上升到最高位置，光圈开到最大。转动转换器，使高倍物镜离开通光孔，在需观察部位的玻片上滴加一滴香柏油，然后慢慢转动油镜，同时从侧面水平注视镜头与玻片的距离，使镜头浸入油中而又不以压破载玻片为宜。调节粗准焦螺旋使载物台下降至能模糊看到物像，改用细准焦螺旋调节至最清晰为止。观察完毕，降下载物台，将油镜转出，先用擦镜纸沾少许二甲苯将镜头上和标本上的香柏油擦去，然后用干擦镜纸擦干净。

3. 显微镜存放

观察完毕应先将物镜镜头从通光孔处移开，然后将孔径光阑调至最大，再将载物台缓缓落下，并检查零件有无损伤，检查处理完毕后即可套上防尘套，然后以右手紧握镜臂，以左手托住镜座放回柜内。

【注意事项】

（1）镜检时应先用低倍物镜进行调焦，再换高倍物镜，最后用油镜进行观察。

（2）在调节粗、细准焦螺旋使载物台上升时，一定要从侧面观察镜筒，否则有可能损坏物镜和玻片标本。

（3）使用油镜观察完样本后，随即用擦镜纸蘸取少量二甲苯擦拭油镜镜头，以防其他物镜沾上香柏油。

（4）当显微镜镜头上有污垢时，可使用棉球蘸取清洗剂（由20%酒精和80%乙醚配置），从镜头中心向外作圆圈运动，切勿用力擦拭，以防损伤镜头。

【实验结论及问题讨论】

（1）光学显微镜的使用原理及注意事项是什么？

（2）使用油镜时，为什么要滴加香柏油？油镜常用于哪些实验？

实验七　红细胞计数

【实验目的】

了解红细胞计数原理并掌握其计数方法。

【实验仪器材料工具】

血细胞计数板、盖玻片、供采血动物（兔或鸡）、生物显微镜、75%酒精、注射器/大头针、红细胞稀释液用生理盐水（0.9%氯化钠溶液）、手掀式计数器、蒸馏水、干棉球、血红蛋白吸管、试管、滴管、滤纸/卫生纸、绸布、无水乙醇、无水乙醚、1%淡氨水。

【实验原理】

血液中红细胞数量很多，无法直接计数，故使用血细胞计数板，而且要用适当的溶液将一定容积血液稀释后，放入计数板的计数室内，在显微镜下记录一定容积血液稀释液中的红细胞个数，再将所得结果换算成每升血液中的红细胞个数。

【实验内容与步骤】

1. 实验前准备工作

（1）洗涤。首先检查血细胞计数板及血红蛋白吸管是否干净，如有污垢，应先洗涤干净。

　　将计数板先后用自来水和蒸馏水冲洗，用滤纸吸干，再用绸布轻拭干净，切不可用粗布擦拭，也不可用乙醚进行擦洗。

　　血红蛋白吸管中的血迹先用自来水清洗，再用蒸馏水洗3次，然后用无水乙醇清洗2次，以除去管内的水分，最后用无水乙醚洗1~2次，以除去残余的乙醚。若其中血迹不易洗去，可将吸管浸于1%淡氨水或45%尿素溶液中一段时间，使血液溶解，再按照上述方法清洗。

　　盖玻片可用蒸馏水冲洗后擦拭干净。

　　（2）将血细胞计数板放于低倍物镜下，熟悉计数室的构造（图2-2和图2-3）。

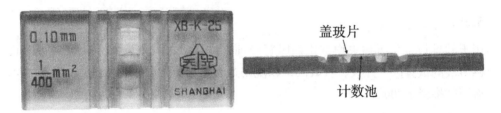

图 2-2　计数板的结构

　　血细胞计数板的结构：计数板是一块特制的长方形厚玻璃板，板面中部有4条直槽，内侧两条直槽中间有一条横槽把中部隔成两个长方形的平台。此平台比整个玻璃板的平面低0.1mm，当放上盖玻片后，平台与盖玻片之间距离为0.1mm。平台中心部分精确划分为9个3mm×3mm的大方格，称为计数室。每个大方格面积为1mm²，体积为0.1mm³。四角的大方格，又各分为16个中方格，适用于白细胞计数。中央的大方格由双线划分为25个中方格，每个中方格面积为0.04mm²，体积为0.004mm³。每个中方格又各分成16个小方格，适用于红细胞计数。

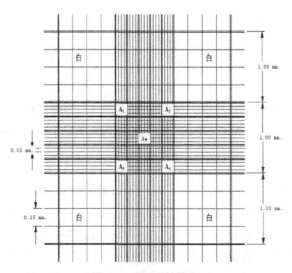

图 2-3　血细胞计数室

2. 加入红细胞稀释液

用1支试管加入红细胞稀释液（0.9%氯化钠溶液）3.98mL（或4mL）。

3. 采血

在动物耳缘静脉部位剪毛、消毒，用采血针刺入，使血液流出，也可在采血前于采血部位涂一薄层凡士林，使流出的血液易于成滴，便于吸血。

4. 吸血

将流出的第一滴血用干棉球拭去，待第二滴血流出较多时，迅速以血红蛋白吸管的尖端插入血液深部，吸至血红蛋白吸管20μL处。吸血时不能有气泡，否则要重做。

5. 稀释

用干棉球或卫生纸擦去血红蛋白吸管外面的血液，再放入盛有3.98mL（或4mL）氯化钠溶液的试管内，并吸、吹数次，以洗出血红蛋白吸管内壁的血细胞，颠倒混匀数次，血液就稀释了200倍。

6. 布血

将计数板水平置于桌上，在计数室上方盖好盖玻片，用吸管吸取步骤5稀释好的血液，用滴管吸取稀释血液，弃去1~2滴后滴一小滴于计数板和盖玻片交界处，让稀释血液自动流入计数室内（图2-4）。

图 2-4 布血

注意所滴血液不可过多或过少，过多会溢出而流入两侧槽内，过少则计数池内易形成空气泡，致使无法计数。禁止直接滴入计数室再盖盖玻片的错误操作。

7. 计数

布血后静置1~2min，在低倍物镜下寻找到红细胞计数区，即计数室四角及中间的5个中方格（共80个小方格），再转为中倍物镜下记录每个中方格所有的红细胞数。

注意：①载物台应保持水平，不能倾斜，以免血细胞向一边集中；②先用低倍物镜，光线稍暗些，找到计数室后转用中倍物镜；③计数时，每个中方格按"弓"字形路线计数，对压线红细胞采取"数上不数下，数左不数右"的原则计数。如图2-5所示。

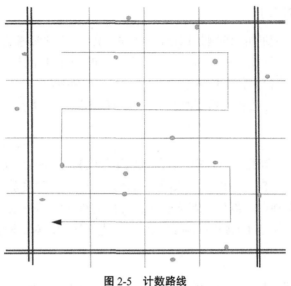

图2-5 计数路线

8. 计算

$$x=（A_1+A_2+A_3+A_4+A_{中}）×5×10×200×10^6$$
$$=（A_1+A_2+A_3+A_4+A_{中}）×10^{10}$$

其中，x 表示血液中红细胞数（个/L）；A_1、A_2、A_3、A_4、$A_{中}$ 分别表示计数室四角和中间中方格内的红细胞总数；×5 表示 5 个中方格换算成 1 个大方格；×10 表示 1 个大方格容积为 0.1μL，换算成 1μL；×200 表示血液的稀释倍数；×10⁶ 表示由 1μL 换算为 1L。

9. 器械清洗

按步骤1将器械清洗干净，放好。

【注意事项】

（1）布血时禁止直接滴入计数室再盖盖玻片的错误操作。

（2）5个中方格之间的红细胞数相差15个时，表示红细胞分布不均匀，应重做。

【数据记录表及处理】

表 2-7 测定结果统计

项目	中方格					总数（个/L）	平均值 ± 标准差
	A_1（个）	A_2（个）	A_3（个）	A_4（个）	$A_{中}$（个）		
红细胞数							

注：将全班的测定结果加以统计，用平均值 ± 标准差表示。

【实验结论及问题讨论】

（1）你所测定的动物红细胞数在正常范围内吗？（正常参考值请查阅书籍）

（2）稀释液滴入计数板后，为什么要静置一段时间才开始计数？

（3）显微镜载物台为什么应置于水平位，而不能倾斜？

（4）清洗血细胞计数相关器械时，为什么要用不同的方法？

【附】

由于血红蛋白是红细胞的内含物，占红细胞重量的32%~36%，或红细胞干重的96%，因此红细胞数与血红蛋白含量的增多或减少通常是平行的相对关系。但在发生某些类型贫血时，如低色素贫血时，红细胞与血红蛋白降低的程度常不一致，血红蛋白的降低比红细胞明显。故同时测定红细胞数与血红蛋白量以进行比较，对诊断更有实际意义。

1.红细胞增多

每升血液中红细胞数及血红蛋白含量高于正常参考值上限时，称为红细胞和血红蛋白增多。其可分为相对性增多和绝对性增多两类。

相对性增多：这是由血浆中水分丢失，血液浓缩所致。见于严重呕吐、腹泻、大量出汗、急性胃肠炎、肠便秘、肠变位、瘤胃积食、瓣胃阻塞、真胃阻塞、渗出性胸膜炎、渗出性腹膜炎、日射病与热射病、大面积烧伤等。

绝对性增多：这是由红细胞增生活跃所致。其按发病原因分为原发性和继发性两类。①原发性红细胞增多：原发性红细胞增多又称真性红细胞增多症，是一种原因不明的骨髓增生性疾病，目前认为是多能干细胞受累所致。其特点是红细胞持续性显著增多，全身总血量也增加，见于马、牛、犬和猫。②继发性增多：是非造血系统疾病，发病的主要原因是血中红细胞生成素增多。

（1）红细胞生成素代偿性增加：因血氧饱和度减低，导致组织缺氧，红细胞生成素增加，骨髓制造红细胞的功能亢进而引起红细胞增多。红细胞增多的程度与缺氧程度成正比。见于高原适应不全症、慢性阻塞性肺疾病、先天性心脏病（如肺动脉狭窄、动脉导管未闭、法洛四联症）、血红蛋白病（如高铁血红蛋白血症、硫化血红蛋白血症）。

（2）红细胞生成素病理性增加：红细胞生成素增加与肾脏疾病或肿瘤有关，如肾囊肿、肾积水、肾血管缺陷、肾癌、肾淋巴肉瘤、小脑血管瘤、子宫肌瘤、肝癌等。

2.红细胞减少

见于贫血。每升血液中红细胞数、血红蛋白量及红细胞比容低于正常参考值下限时，称为贫血。按病因可将贫血分为4类：

（1）失血性贫血：慢性失血性贫血见于胃溃疡、球虫病、钩虫病、捻转胃虫病、螨病、维生素C和凝血酶原缺乏症等疾病。急性失血性贫血见于华法林中毒、草木樨中毒、肝血管肉瘤、犬和猫自体免疫性血小板减少性紫癜、手术和外伤等。

（2）溶血性贫血：见于牛巴贝斯虫病、牛泰勒虫病、钩端螺旋体病、马传染性贫血；绵羊、猪、犊牛甘蓝中毒和野洋葱中毒；新生骡驹溶血病、犬自体免疫性溶血性贫血等。

（3）营养性贫血：见于蛋白质缺乏，铜、铁、钴等微量元素缺乏，维生素B_1、B_2、B_6、B_{12}、叶酸、烟酸缺乏等。

（4）再生障碍性贫血：见于辐射病、蕨中毒、马穗状葡萄球菌病、梨孢镰刀菌病、羊毛圆线虫病、犬欧利希文病、猫传染性泛白细胞减少症、慢性粒细胞白血病、淋巴细胞白血病、垂体功能低下、肾上腺功能低下、甲状腺功能低下等。

实验八　白细胞计数

【实验目的】

了解白细胞计数的原理并掌握其计数的方法。

【实验仪器材料工具】

血细胞计数板、盖玻片、供采血动物（兔或鸡）、生物显微镜、75%酒精、注射器/大头针、白细胞稀释液（2%冰醋酸100mL加入1%结晶紫1滴，冰醋酸可破坏红细胞而保留白细胞，结晶紫可使白细胞核染上颜色）、手掀式计数器、蒸馏水、干棉球、血红蛋白吸管、试管、滴管、滤纸/卫生纸、绸布、无水乙醇、无水乙醚、1%淡氨水。

【实验原理】

用稀释液将红细胞破坏后，混匀冲入计数室，在显微镜下计数一定容积的白细胞数，经换算求得每升血液中的白细胞总数。

【实验内容与步骤】

1. 实验前准备工作

（1）洗涤。参见"实验七　红细胞计数"相关内容。

（2）将血细胞计数板放于低倍镜下，熟悉计数室的构造。参见"实验七　红细胞计数"相关内容。

2. 加入白细胞稀释液

用1支试管加入白细胞稀释液0.38mL（或0.4mL）。

3. 采血、吸血

在动物耳缘静脉部位剪毛、消毒，用采血针刺入，使血液流出，也可在采血前于采

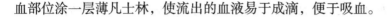

血部位涂一层薄凡士林，使流出的血液易于成滴，便于吸血。

4. 吸血

将流出的第一滴血用干棉球拭去，待第二滴血流出较多时，迅速以血红蛋白吸管的尖端插入血液深部，吸至血红蛋白吸管20μL处。吸血时不能有气泡，否则要重做。

5. 稀释

用干棉球或卫生纸擦去血红蛋白吸管外面的血液，再放入盛有0.38mL（或0.4mL）白细胞稀释液的小试管内，并吸、吹数次，以洗出血红蛋白吸管内壁的血细胞，颠倒混匀数次，血液就稀释了20倍。

6. 布血

将计数板水平置于桌上，在计数室上方盖好盖玻片，用吸管吸取步骤5稀释好的血液，用滴管吸取稀释血液，弃去1~2滴后滴一小滴于计数板和盖玻片交界处，让稀释血液自动流入计数室内。

注意所滴血液不可过多或过少，过多会溢出而流入两侧槽内，过少则计数池内易形成空气泡，致使无法计数。禁止直接滴入计数室再盖盖玻片的错误操作。

7. 计数

布血后静置1~2min，在低倍物镜下记录计数室白细胞计数区，即四角的4个大方格（共64个中方格）的白细胞总数。

注意：①载物台应保持水平，不能倾斜，以免血细胞向一边集中；②先用低倍镜，光线稍暗些；③计数时，按"弓"字形路线计数，对压线白细胞采取"数上不数下，数左不数右"的原则计数。

8. 计算

$$y=\left[（B_1+B_2+B_3+B_4）/4\right]\times10\times20\times10^6$$
$$=（B_1+B_2+B_3+B_4）\times5\times10^7$$

其中，y表示血液中白细胞数（个/L）；B_1、B_2、B_3、B_4分别表示计数室白细胞计数区，即四角大方格内白细胞总数；/4表示换算成每个大方格内的白细胞平均数；×10表示1个大方格容积为0.1μL，换算成1μL；×20表示血液的稀释倍数；$\times10^6$表示由1μL换算为1L。

9. 器械清洗

按步骤1将器械清洗干净，放好。

【注意事项】

各大方格之间的白细胞数相差8~10个时，表示白细胞分布不均匀，应重做。其他注意事项同"实验七 红细胞计数"。

【数据记录表及处理】

表 2-8 测定结果统计表

| 项目 | 大方格 | | | | 总数(个/L) | 平均值 ± 标准差 |
	B$_1$(个)	B$_2$(个)	B$_3$(个)	B$_4$(个)		
白细胞数						

注：将全班的测定结果加以统计，用平均值±标准差表示。

【实验结论及问题讨论】

（1）你所测定的动物白细胞数目在正常范围内吗？（正常参考值请查阅书籍）

（2）操作中，哪些因素可能影响计数的准确性？

【附】

1.白细胞增多

当白细胞数高于参考值上限时，称为白细胞增多。见于大多数细菌性传染病和炎症性疾病，如炭疽、腺疫、巴氏杆菌病、猪丹毒、纤维素性肺炎、小叶性肺炎、腹膜炎、肾炎、子宫炎、乳腺炎、蜂窝织炎等疾病，还见于白血病、恶性肿瘤、尿毒症、酸中毒等。

2.白细胞减少

当白细胞数低于参考值下限时，称为白细胞减少。见于某些病毒性传染病，如猪瘟、马传染性贫血、流行性感冒、鸡新城疫、鸭瘟等，以及各种疾病的濒死期和再生障碍性贫血，还见于长期使用某些药物时，如磺胺类药物、青霉素、链霉素、氯霉素、氨基比林、水杨酸钠等。

实验九 血红蛋白含量的测定

【实验目的】

熟悉沙利氏比色法测定血红蛋白含量的操作方法。

【实验仪器材料工具】

供采血动物（兔或鸡）、注射器/大头针、75%酒精、干棉球、抗凝剂、试管、沙利氏血红蛋白计、血红蛋白吸管（图2-6）、滴管、0.1mol/L盐酸、蒸馏水、无水乙醇、无水乙醚等。

图 2-6　血红蛋白吸管和血红蛋白计

【实验原理】

本实验采用沙利氏比色法，其原理是将红细胞溶解，使其游离的血红蛋白与稀盐酸产生反应，形成不易变色的棕色高铁血红蛋白，经蒸馏水稀释后，与标准比色板比色，从而测得血红蛋白含量。通常以每100mL血中所含血红蛋白克数来表示。

【实验内容与步骤】

（1）实验前先检查血红蛋白吸管和测定管是否干净，如不干净，要先洗涤干净方可开始试验。洗涤方法：将血红蛋白计测定管用自来水洗净，再用蒸馏水冲洗。血红蛋白吸管洗涤方法：血红蛋白吸管中的血迹先用自来水清洗，再用蒸馏水洗3次，然后用无水乙醇清洗2次，以除去管内的水分，最后用无水乙醚洗1~2次，以除去残余的乙醇。若其中血迹不易洗去，可将吸管浸于1%淡氨水或45%尿素溶液中一段时间，使血液溶解，再按照上法清洗。

（2）将0.1mol/L盐酸［9mL浓盐酸（36%~37%）加蒸馏水至1000mL配制而成］加入测定管中至刻度"2"或"10%"处。

（3）采血、吸血。同血细胞计数实验。用血红蛋白吸管吸取血液至20μL处，用干棉球擦净吸血管周围血液，将血液立即吹入测定管的盐酸中。然后反复吸、吹几次，使吸血管壁上的血液全部进入测定管中。在进行吸、吹时，要注意避免起泡。用玻璃棒将测定管中的盐酸与血液混合，放置10~15min。

（4）将蒸馏水逐滴加入测定管中，每次加蒸馏水后，都要摇匀；再将测定管插入比色箱中进行比色。测定管中的颜色逐渐变淡，直至与比色箱中的标准比色板相同时为止。

（5）读数。从比色箱中取出测定管，读出其中液体表面（凹面）的刻度。该管一般两边皆有刻度：一边的刻度表示克数，如液体表面在刻度"15"处，即表示100mL血液中含有15g血红蛋白；另一边的刻度，表示百分率，通常100%相当于有14.5g，如液体表面在刻度70%处，要计算其绝对克数，可用下列比例式求得：

$$x：14.5=70：100$$

$$x=10.15$$

【注意事项】

（1）血液和盐酸产生反应的时间应不少于10min，否则，血红蛋白不能充分转变成高铁血红蛋白，使结果偏低。

（2）加蒸馏水时，开始可以迅速多加几滴，随后则不能过快，以防稀释过度。

（3）比色最好在自然光下进行，不能在黄色光下进行，以免影响结果。

【数据记录表及处理】

表2-9 血红蛋白含量测定结果统计表

	刻度1（g/100mL）	刻度2		平均值±标准差
		换算前（%）	换算后（g/100mL）	
血红蛋白含量				

注：分别读测定管两边的刻度，报告该实验动物的血红蛋白含量，并将全班测定的结果加以统计，用平均值±标准差表示。

【实验结论及问题讨论】

测定血红蛋白的临床意义是什么？

【附】

1.血红蛋白增多

主要见于脱水，血红蛋白相对增加。也见于真性红细胞增多症，这是一种原因不明的骨髓增生性疾病，目前认为是多能干细胞受累所致，其特点是红细胞持续性显著增多，全身总血量也增加，见于马、牛、犬和猫。

2.血红蛋白量减少

主要见于各种贫血。

实验十　红细胞渗透脆性实验

【实验目的】

了解红细胞膜与血浆渗透压的关系，测定红细胞膜对不同低渗溶液的渗透抵抗力，即测定正常动物红细胞的渗透脆性。

【实验仪器材料工具】

新鲜血液、1%氯化钠溶液、试管、试管架、2mL吸管、滴管、2mL注射器、离心机、蒸馏水。

【实验原理】

正常的红细胞在等渗溶液中，能保持其正常的形态和功能。正常的红细胞若被置于高渗溶液内，则会皱缩；若被置于低渗溶液内，则水分进入红细胞，使红细胞两面凹陷的圆盘形变为球形，如继续膨大，即发生破裂溶解，形成溶血。

红细胞渗透脆性试验就是测定红细胞对低于1%氯化钠溶液的耐受能力。耐受力高者，红细胞不易破裂，即脆性低；耐受力低者，红细胞易于破裂，即脆性高。

【方法及步骤】

（1）取10支干净的小试管，分别排列在试管架上，按表2-10把1%氯化钠溶液稀释成不同浓度的低渗溶液，每管溶液均为2mL。

表2-10　红细胞渗透脆性实验

管号	1	2	3	4	5	6	7	8	9	10
1%氯化钠溶液（mL）	1.4	1.3	1.2	1.1	1	0.9	0.8	0.7	0.6	0.5
蒸馏水（mL）	0.6	0.7	0.8	0.9	1	1.1	1.2	1.3	1.4	1.5
氯化钠浓度（%）	0.7	0.65	0.6	0.55	0.5	0.45	0.4	0.35	0.3	0.25

（2）采取血液，并在上列各支试管中加入大小相等的血液1滴，然后用拇指堵住试管口，将试管慢慢倒置1~2次，使血液与管内氯化钠溶液混合均匀。

（3）在室温静置1h，观察结果；也可放入离心机内离心10min，观察结果。

（4）结果判定：依上述说明，判定出开始溶血及开始完全溶血的氯化钠浓度。前者为红细胞的最小抵抗力，后者为红细胞的最大抵抗力。①如试管内液体的下层为红色浑浊，而上层为无色透明，说明未溶血。②凡试管内上层开始微呈淡红色，而极大部分红细胞下沉，则为开始溶血或最小抵抗力（红细胞的最小抵抗力）。③凡试管内液体呈均匀红色，管底无红细胞下沉，则为完全溶血或最大抵抗力（红细胞的最大抵抗力）。

【注意事项】

（1）配制的不同浓度的氯化钠溶液必须浓度准确。

（2）各支试管中加入的血滴大小应尽量相等，血液与管内氯化钠溶液须充分摇均，但切勿用力震荡。

（3）抗凝剂最好用肝素，其他抗凝剂可能会改变溶液渗透压。

【数据记录表及处理】

表 2-11　实验动物红细胞渗透脆性记录表

红细胞的最小抵抗力	红细胞的最大抵抗力

注：报告该动物的红细胞渗透脆性。

【实验结论及问题讨论】

（1）临床输液为何要使用等渗溶液？

（2）什么是溶血？

实验十一　红细胞沉降率（血沉）的测定

【实验目的】

了解红细胞沉降率，掌握其测定方法。

【实验仪器材料工具】

魏氏血沉管、血沉管架、3.8%柠檬酸钠溶液、注射器、75%酒精棉球、试管、吸耳球等。

【实验原理】

将加有抗凝剂的血液置于特制的具有刻度的血沉管内，置于血沉架上，红细胞因重力作用逐渐下沉，上层留下一层黄色透明的血浆。经过一定时间，沉降的红细胞上面的血浆柱的高度即表示红细胞沉降率，它反映红细胞的悬浮稳定性。

【实验内容与步骤】

测定血沉率的方法很多，如魏氏法、六五型血沉管法、潘氏法、温氏法等。本实验采用魏氏法。魏氏血沉管全长30cm，管壁上有200个刻度，刻度间距离为1mm，其容量为1mL，并附有特制的血沉管架。（图2-7）

（1）将实验动物进行保定。如给牛、马、羊采血，剪去颈静脉附近的毛，用碘酒消毒，然后用消毒后的采血针刺破颈静脉。当血液流出时，用试管接住，试管中预先加有3.8%柠檬酸钠溶液1mL作为抗凝剂，再注入新鲜血液4mL混匀（抗凝剂与血液的容积比例为1∶4）。如用兔，可直接采其心血；如用鸡，可采其翅内静脉血液。

（2）用清洁、干燥的血沉管，小心地吸血至最高刻度"0"处。在吸血之前，须将血液充分摇均（但不可过分震荡，以免红细胞被破坏）。吸血时，要绝对避免产生气泡，否则须重做。将吸有血液的血沉管垂直置于血沉管架上，分别在15min、30min、45min、1h、2h时检查血沉管上部血浆的高度，以毫米表示，并将所得结果记录下来。

图2-7　魏氏血沉管架

【注意事项】

（1）采血后，实验应在3h内完毕，否则会因血液放置过久而影响试验结果的准确性。

（2）当血浆柱与红细胞柱之间的界面不清时，应取浑浊区的中部刻度。

（3）血沉管应垂直放置，不能稍有倾斜。红细胞沉降率随温度升高而加快，以在22~27℃时测定为宜。

【数据记录表及处理】

表2-12　血沉管上部血浆柱高度统计

被检动物	时间				
	15min	30min	45min	1h	2h
血浆柱高度（mm）					

【实验结论及问题讨论】

（1）什么是红细胞悬浮稳定性？其测定原理是什么？

（2）什么情况下，动物红细胞沉降率将升高？

【附】

1.红细胞沉降率加快

常见于各种贫血性疾病、炎症性疾病及组织损伤或坏死（如结核病、风湿热、全身性感染等）。随着病情的好转，红细胞沉降率逐渐变慢直至恢复正常。

2.红细胞沉降率减慢

常见于机体严重的脱水，如胃扩张、肠阻塞、急性胃肠炎、瓣胃阻塞、发热性疾病、酸中毒等。

实验十二　红细胞的凝集现象

【实验目的】

观察红细胞的凝集现象。学习ABO血型鉴定方法，掌握血型鉴定原理和交叉配血试验。

【实验仪器材料工具】

人体A型、B型标准血清，双凹玻片，采血针，竹签，75%酒精棉球，干棉球，玻璃蜡笔（记号笔），尖头滴管，显微镜。

【实验原理】

ABO血型是由红细胞表面存在的凝集原决定的。红细胞膜存在A凝集原的称为A血型，存在B凝集原的称为B血型。血清中还存在凝集素。当A凝集原与抗A凝集素相遇或B凝集原与抗B凝集素相遇时，会发生红细胞凝集反应。一般A型标准血清中含有抗B凝集素，B型标准血清中含有抗A凝集素，因此可以使标准血清中的凝集素与被测者红细胞产生反应，以确定其血型。

同种动物不同个体的红细胞凝集称为同族血细胞凝集作用；不同种动物的血液互相混合有时也可产生红细胞凝集，称为异族血细胞凝集作用。

输血时必须进行交叉配血试验，才能决定是否能输血。如果交叉配血试验的两侧都没有凝集反应，为配血相合，可以进行输血；如果主侧有凝集反应，则为配血不合，不能输血；如果主侧没有凝集反应，而次侧有凝集反应，只能在应急情况下输血，输血不宜过快、过多，并应密切观察，如发生输血不良反应，应立即停止输血。

【实验内容与步骤】

1.ABO 血型的鉴定

（1）取双凹玻片1块，在两端分别标上A和B，中央标记受试者的号码。

（2）在A端和B端的凹面中分别滴上少许相应标准血清。

（3）用75%酒精棉球消毒无名指端，用采血针刺破指端，用消毒后的尖头滴管吸取少量血（也可用红细胞悬浮液），分别与A端和B端凹面中的标准血清混合，放置1~2min后，能肉眼观察有无凝血现象，肉眼不易分辨的用显微镜观察。

（4）根据凝集现象的有无判断血型。

2. 交叉配血实验

（1）分别对供血动物和受血动物采血部位消毒，采血2mL，滴1滴血液到装有1mL生理盐水的小试管中，即制备成红细胞悬浮液。其余血液自然凝固后，离心析出血清后滴入另一个试管中备用。

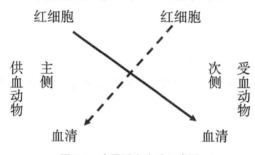

图2-8　交叉配血实验示意图

（2）取双凹玻片1块，在两端分别标上供血动物和受血动物的名称或代号，分别滴上少许它们的血清。

（3）用吸管将供血动物的红细胞悬浮液吸取少量，滴到受血动物的血清中（称为主侧配血）；用吸管将受血动物的红细胞悬浮液吸取少量，滴入供血动物的血清中（称为次侧配血），混合。放置10~30min后，肉眼观察有无凝集现象，肉眼不易分辨的用显微镜观察。如果两侧交叉配血均无凝集反应，说明配血相合，能够输血。如果主侧有凝集反应，说明配血不合，不论次侧反应如何都不能输血。如果仅次侧配血有凝集反应，只有在紧急情况下才有可考虑是否输血。（图2-8）

【注意事项】

（1）指端、采血针和尖头滴管务必做好消毒。做到一人（动物）一针，不能混用。使用过的物品（包括竹签）均应放入污物桶，不得再使用。

（2）酒精消毒部位自然风干后再采血，这样血液容易聚集成滴，便于取血。取血不宜过少，以免影响观察。

（3）采血后要迅速与标准血清混匀，以防血液凝固。

（4）在进行交叉配血实验时，一定要防止将主侧配血和次侧配血搞混。

【数据记录表及处理】

（1）供血动物的血型是什么？

（2）交叉配血实验主侧和次侧实验结果如何？

表2-13　交叉配血实验结果记录表

项目		供血动物1		供血动物2	
		红细胞	血清	红细胞	血清
受血动物	红细胞	/	凝集/不凝集	/	凝集/不凝集
	血清	凝集/不凝集	/	凝集/不凝集	/

【实验结论及问题讨论】

（1）ABO血型分类标准是什么？除ABO血型外，还有什么血型系统？

（2）为什么在交叉配血试验时，如果主侧有凝集反应，不论次侧配血如何都不能输血？

（3）血液凝集和血液凝固有什么区别？

实验十三　XFA6100系列全自动血液细胞分析仪对动物血液生理学常规指标的测定

【实验目的】

通过实验学习利用XFA6100系列全自动血液细胞分析仪对动物血液生理学常规指标进行测定的方法。

【实验仪器材料工具】

兔、鸡、鱼、牛、羊、猪，以及注射器、75%酒精棉球、试管架、试管、XFA6100系列全自动血液细胞分析仪、PL-6A溶血剂、PL-6A稀释液、HB探头清洗液、蒸馏水、HB含酶清洗液。

【实验原理】

XFA6100系列全自动血液细胞分析仪如图2-9所示。

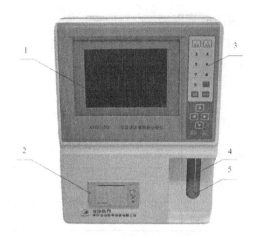 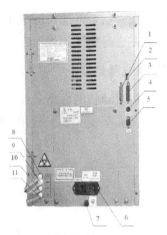

1—显示屏；2—记录仪；3—按键；4—采样针；5—"测量/开始"键

1—写软件口；2—USB接口；3—打印机口；4—键盘口；5—串行接口；6—电脑开关；7—接地柱；8—清洗液接口；9—稀释液接口；10—溶血素接口；11—废液接口

图 2-9   XFA6100 系列全自动血液细胞分析仪

红细胞计数原理：本仪器测量的血样先用稀释液进行指定比例的稀释，用以测量白细胞、红细胞、血小板、血红蛋白等参数。白细胞、红细胞计数池的稀释样本在负压作用下，分别通过各自的计数微孔的液量就是仪器分析用的标本量。本仪器用阻抗法测量白细胞、红细胞和血小板的体积分布和数目。电极插在液体中计数微孔的两边，在计数微孔的周围建立了一个电场环境，根据血细胞非传导性的性质，当细胞通过计数微孔时，将引起阻抗的变化，阻抗变化的大小与细胞体积成正比。

仪器计量每个细胞，并依照大小对它们分类，用这种方式，仪器实际测量的细胞数量比手工方法在显微镜下测量的细胞数量要更多，并能克服人工计数的人为因素和主观因素的影响，减少统计误差，提高计数的准确度。

测试样本量的控制与体积测量：一定量稀释后的样本分别流过红细胞70μm孔径和白细胞70μm孔径的微孔被计数和测量体积，真空一定的情况下，流过小孔的液量与时间成正比。

样本稀释：在血液中，各种细胞互相重叠以至于无法准确计数和测量体积的大小，所以需要用稀释液对血样进行稀释，使稀释过的血细胞单个地通过计数微孔，同时为计数提供导电环境，以完成细胞个数和体积大小的测量。在全血模式下，13μL的全血和3.5mL的稀释液混合，形成1∶270的稀释后样品。将1∶270的稀释后样品分成两部分。取15.6μL的1∶270的稀释后样品和2.6mL的稀释液混合，形成1∶45000的样品，用于红细胞和血小板的计数测量。白细胞池将剩下的稀释样品和0.5mL的溶血剂再加1mL稀释液混合，形成1∶385的样品，用于白细胞的计数测量。在预稀释模式下，采20μL的末梢血和1.6mL的稀释液混合（机外稀释），形成1∶81的稀释后样品。将1∶81的稀释后样品吸入0.7mL，加入白细胞计数池。向白细胞计数池加入1.6mL稀释液，形成1∶263

的稀释后样品。将1∶263的稀释后样品分成两部分。取15.2μL的1∶263的稀释后样品和2.6mL的稀释液混合，形成1∶45000的样品，用于红细胞和血小板的计数测量。剩下的1∶263稀释后样品和0.5mL的溶血剂混合再加入0.5mL稀释液，形成1∶378的样品，用于白细胞的计数测量。

当第二次稀释完成后，在计数前，将溶血剂加到白细胞稀释样本中以溶解红细胞膜，通常红细胞比白细胞多1000倍，计量白细胞必须首先消除红细胞对它的干扰。红细胞通常无细胞核，溶血剂能起到消除白细胞稀释液中的红细胞的作用。

相对于稀释液来说，细胞的阻抗要大得多，这就是计数过程的作用机理，当有细胞通过计数微孔时，将瞬时产生高过原来稀释液产生的阻抗，这个阻抗变化的大小与细胞的体积成正比，仪器将这个由阻抗变化引起的脉冲放大并记录下来。

细胞大小：细胞通过计数微孔时，产生的电脉冲幅度与本身的体积大小成比例关系，较大的细胞产生的电脉冲幅度较大。细胞经溶血剂和稀释液的作用后，体积分布如下：白细胞为30~400fL；红细胞为25~250fL；血小板为2~30fL。

由于体积的差别，仪器可以在同一计数池中根据电脉冲的高低对红细胞和血小板分别计数。值得注意的是，红细胞和血小板的体积看似差异明显，实际上每种细胞体积分布均有一个范围，形成一个铃铛形曲线，它们的曲线互相接近交叉，有时这种曲线的交叉程度很大，需采用特殊措施来区分红细胞和血小板。本仪器采用浮动界标的方法对红细胞和血小板进行区分，提高了测量结果的准确性。

白细胞数：通过直接测量脉冲个数得到。

$$白细胞数 = n \times 10^9/L$$

白细胞分类：根据体积的大小，白细胞有多种形态，同时白细胞各种形态的体积大小并非固定不变的，由于稀释液、溶血剂和溶血时间的不同，各部分的体积大小会发生变化。在一定的程序控制下，化学反应可以显示出白细胞的三大分类：淋巴细胞、中间细胞和中性粒细胞。

淋巴细胞是最小的白细胞，经试剂作用后，它们的体积大小主要为30~85fL。

淋巴细胞和中性粒细胞之间的中间细胞主要有嗜酸性细胞、嗜碱性细胞、单核细胞。加了溶血剂后，它们的体积大小主要为85~125fL。

中性粒细胞是最大的白细胞，在溶血剂的作用下，细胞膜损坏，释放出胞浆，残留的细胞质颗粒被压缩在细胞核与损坏的细胞膜之间。一般来说，这种经溶血剂作用后的中性粒细胞体积在125fL以上。

通过直接测量细胞通过计数微孔时的脉冲高度分布，得到白细胞体积分布的直方图，由以下公式取得分类百分比：

$$淋巴细胞百分比 = \frac{PL}{PL+PM+PG} \times 100\%$$

$$中间细胞百分比 = \frac{PM}{PL+PM+PG} \times 100\%$$

$$中性粒细胞百分比 = \frac{PG}{PL+PM+PG} \times 100\%$$

其中，PL 为淋巴细胞区域内细胞数，PM 为中间细胞区域内细胞数，PG 为中性粒细胞区域内细胞数。

淋巴细胞比率、中间细胞比率、中性粒细胞比率由以下公式通过计算得到：

$$淋巴细胞比率 \frac{淋巴细胞百分比 \times 白细胞数}{100}$$

$$中间细胞比率 \frac{中间细胞百分比 \times 白细胞数}{100}$$

$$中性粒细胞比率 \frac{中性粒细胞百分比 \times 白细胞数}{100}$$

（1）血红蛋白：被稀释的血样加入溶血剂后，红细胞溶解，释放出血红蛋白，血红蛋白与溶血剂结合形成复合物，用波长 540nm 的单色光在白细胞计数池内测定此化合物的透过光强，将这个透过光强与空白状态（白细胞计数池中只有稀释液的状态）的透过光强进行比较，就得到了该标本中的血红蛋白浓度。仪器将自动完成这两个检测过程，然后计算、显示检测结果（以 g/L 为单位）。

$$血红蛋白 = 常数 \times \lg \left(\frac{空白透光强度}{样本透光强度} \right)$$

（2）红细胞数：通过直接测量脉冲个数得到，红细胞 $=n \times 10^{12} g/L$。

（3）红细胞平均体积：仪器对每个RBC通过探头而产生的电脉冲计数，然后根据体积大小汇总和分类，最后经过微处理器校正，计算出所有红细胞的平均体积。

红细胞比容、平均红细胞血红蛋白含量和平均红细胞血红蛋白浓度用以下公式计算得出：

$$红细胞比容（\%） = \frac{红细胞 \times 红细胞平均体积}{10}$$

$$平均红细胞血红蛋白含量（pg） = \frac{血红蛋白（g/L）}{红细胞（L）}$$

$$平均红细胞血红蛋白浓度（g/L） = \frac{血红蛋白（g/L）}{红细胞比容（\%）} \times 100$$

（4）红细胞分布宽度变异系数：由红细胞直方图得到。用百分比表示体积分布的变异系数。

（5）血小板数：通过直接测量脉冲个数得到，$PLT=n\times10^9/L$。

（6）平均血小板体积：由PLT直方图通过计算得到，单位为fL。

（7）血小板分布宽度：由PLT直方图得到，为血小板体积分布的几何标准差（10GSD）。

（8）监控堵孔：人血中包含有蛋白及其他颗粒，在采样计数过程中它们可能黏附在计数孔和管道中，时间长了，堆积起来会影响测量结果。对于堵孔问题，一方面靠每次采样结束后的高压灼烧以及定期保养来避免，另一方面仪器也设置了一个监控堵孔的部分，仪器测量结束自动显示微孔电压，一旦微孔电压升高即表示出现堵孔，以提醒用户注意解决堵孔问题。

【实验内容与步骤】

1. 采血

推荐用乙二胺四乙酸二钾抗凝剂，含量规定为1.5~2.2mg/mL血液，它是一种比较理想的抗凝剂，能保持红细胞与白细胞在分类检测与计数时的形态稳定。

2. 操作准备

在开启电源前，操作者须按照以下步骤检查仪器，这些步骤将确保系统准备就绪，完成这些检查有助于本仪器的正常运行：①检查稀释液、溶血剂；②检查废液桶；③检查液体管路和电缆；④检查记录仪、打印机。

3. 开机过程

①打开本仪器主机电源开关。②屏幕显示自检画面，系统自动监测硬件，清洗管路，做本底测量。③自检过程结束，进入待测界面。

4. 血样计数

全血计数操作：

（1）在"全血界面"下操作。

（2）设置打印方式：菜单—设置—打印。

（3）计数操作：将抗凝静脉血放在采样针下，按"开始"键，计数开始，听到"嘟"的一声后，采样针抬起，移开采血管，仪器开始处理样本，计数过程中"提示区"显示计数进程，约1min后计数完成，仪器发出一次"嘟"声，采样针回到初始位，计数结果显示在屏上，"ID"号自动增一。

（4）结果显示：血样分析结束后，屏上将显示19项参数的结果及白细胞、红细胞、血小板三个直方图及数据；可以U盘输出数据，也可打印数据。

5.关机过程

每日关闭仪器电源之前执行关机程序，步骤如下：

（1）在主菜单里轻触"关机"键进入关机界面，系统弹出画面。

（2）接上蒸馏水，轻触测量键，系统开始关机清洗，显示画面。

（3）清洗结束后仪器将自动关闭电源，此时关闭仪器电源开关。

【数据记录表及处理】

表2-14　兔、鸡实验数据记录表

	白细胞总数	淋巴细胞总数	粒细胞总数	红细胞总数	血红蛋白含量	红细胞比容
兔						
鸡						

【实验结论及问题讨论】

通过实验，你所检测对象的血液常规数据是否在正常范围内？

实验十四　离体蛙心灌流

【实验目的】

用离体蛙心灌流的方法，观察各种理化因素对心脏活动的影响。

【实验仪器材料工具】

蛙、蛙心套管、常用手术器械、任氏液、1%氯化钙、1%氯化钾、0.01%肾上腺素、0.01%乙酰胆碱、滴管、万能支架、烧杯等。

【实验原理】

维持心脏正常收缩的节律和强度，需要有一个适宜的理化环境（离子的浓度与比例、溶液的酸碱度、环境温度等），这种环境条件稍有改变，便可影响心脏的正常活动。

【实验内容与步骤】

1.离体蛙心灌流制作

破坏蛙的脑与脊髓，暴露心脏，并在主动脉下面穿两条线。用蛙心夹夹住心尖，将心脏向前翻转，于心脏背面找到静脉窦，在静脉窦之外以一条线结扎，这样就阻断了血液继续流回心脏。在结扎时切勿损伤静脉窦，否则心脏会停止跳动。

将心脏放回原位，用小剪刀在主动脉的根部朝心室的方向剪一个小口，将灌有任氏液的蛙心套管的尖端，由此口插入动脉球。然后将插管稍向后退，再转向心室中央的方向，插入心室内。如确定插入心室，即以另一条线将动脉球与套管的尖端一起结扎固定，然后将结扎剩下的线头结扎在套管侧壁的小玻璃钩上，并固定之，以免心脏滑脱。

注意：插套管时要特别小心，应逐渐试探插入，以免损伤心肌，然后滴入少量任氏液。套管插好后，斜口应朝向心室腔，以免心室收缩时堵塞斜口。如果其深度和位置合适，则套管中的液面随心脏的跳动和停歇而上升和下降。于是可将与心脏相连的血管和其他组织剪断，摘出心脏，但切勿损伤静脉窦。然后用任氏液洗涤心脏内外，并保持其湿润。

将带有分离好的离体蛙心的套管固定在万能支架上，用连有丝线的蛙心夹夹住心尖；再将丝线连接在张力感受器上（张力感受器事先接在计算机的1通道或2通道上），即可在显示屏上显示出心搏曲线，根据屏幕显示信号适当调整扫描速度和灵敏度等，一得到满意的图形就开始试验。

2. 实验项目

（1）正常心脏收缩的观察：用滴管向蛙心套管中注入1~3mL任氏液（以后每次滴注的溶液量均应与第一次相同）。注意观察心跳频率和收缩强度。

（2）观察试剂对心脏活动的影响。①钙离子的影响：向套管中加入1%氯化钙1~2滴。观察心脏活动有何改变。待心脏活动发生明显改变时，应迅速吸出套管内的溶液，并添加新鲜的任氏液进行洗涤，反复数次，直至心脏恢复正常活动后，再加入其他溶液（以下实验皆同此）。②钾离子的影响：向套管中加入1%氯化钾1~2滴。观察心脏活动有何变化。③肾上腺素的影响：向套管中加入0.1%肾上腺素1~2滴。观察心脏活动有何改变。④乙酰胆碱的影响：向套管中加入0.01%乙酰胆碱1~2滴。观察心脏活动有何变化。

【注意事项】

（1）制备蛙心标本时，切勿伤及静脉窦。

（2）化学药品作用不明显时，可再适量添加，密切观察药物剂量添加后的结果。

【数据记录表及处理】

表 2-15　蛙离体心脏活动数据记录表

项目		1% 氯化钙	1% 氯化钾	0.01% 肾上腺素	0.01% 乙酰胆碱
心脏活动	心率				
	心肌收缩力				

【实验结论及问题讨论】

（1）为何蛙心离体后在体外适宜条件下依然可以跳动？动物心肌有哪些生理特性？

（2）钙离子、钾离子、肾上腺素、乙酰胆碱对心脏活动分别有什么影响？其机制分别是什么？

实验十五　动物心电图的描记

【实验目的】

学习描记动物心电图的方法，熟悉动物正常心电图的波形，了解其生理意义。

【实验仪器材料工具】

牛、羊、兔，心电图仪（图2-10），心电图记录纸，导电膏，剪毛剪，酒精棉。

【实验原理】

正常的兴奋起源于窦房结，然后按一定的顺序传遍整个心脏：窦房结产生的兴奋，经过渡细胞传至心房，通过优势传导通路传导到房室交界处（房结区、结区、结希区），再经房室束、房室束支、浦肯野氏纤维网传导至心室肌。

兴奋在心脏内传播时，可出现一系列规律性的电位变化，这种电位变化通过心肌周围组织和液体传导到体表。按一定的方法在体表记录到的心脏在心动周期中的电位变化曲线就是心电图。

图2-10　心电图仪

【实验内容与步骤】

（1）接通心电图仪电源，打开仪器预热5min。

（2）保定动物。四肢剪毛。

（3）安放电极。待基线稳定后安放电极，各电极安置部位：前肢为腕关节上方前臂外侧，后肢为跗关节上方小腿外侧。电极连线分为红色（R）右前肢、黄色（L）左前肢、黑色（RF）右后肢、绿色（LF）左后肢。

（4）安静3~5min后，记录Ⅰ、Ⅱ、Ⅲ标准导联和aVR、aVL、aVF单极加压肢体导联的心电图。（图2-11）

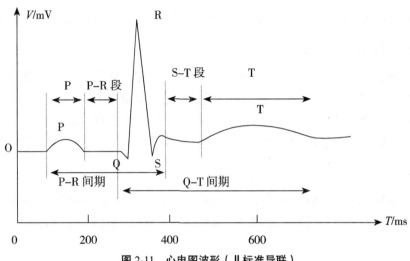

图 2-11　心电图波形（Ⅱ标准导联）

（5）心电图分析。①辨认P波、QRS波、T波、P-R间期、S-T段、Q-T间期。②时间和电压：心电图描记走纸速度定为25mm/s，记录纸上横向距离代表时间（s），每小格1mm代表0.04s，每大格0.20s；定准电压调节为1mV，纵向距离代表电压（mV），1mV=10mm（10小格）。③时间测量：选择比较清楚的导联进行，测量时应自该波起始部分内缘，量至终止部分内缘。④心率测量：测量5个P-P（或R-R）间期，求其平均值，按公式计算心率，其公式如下：心率=60/P-P（或R-R）间期（s）。

注意事项：描记对象充分放松，以消除肌电干扰。

【数据记录表及处理】

表 2-16　被检动物心电图数据记录表

	1	2	3	4	5	平均值	心率
P-P 间期（s）							
R-R 间期（s）							

【实验结论及问题讨论】

心电图各波段分别代表什么意义？

实验十六　动物动脉血压的直接测定及其影响因素

【实验目的】

了解直接测定动物动脉血压的方法，观察一些神经、体液因素对动脉血压的影响。

【实验仪器材料工具】

兔、兔解剖台、水银检压计、电动记纹鼓、二道生理记录仪、压力换能器、生理实验多用仪、保护电极、电刺激器、常用手术器械、动脉套管、气管套管（玻璃三通管）、动脉夹、铁支架、注射器、各色丝线、橡皮管、纱布、麻醉药、生理盐水、0.01%肾上腺素、0.01%乙酰胆碱等。

【实验原理】

在正常生理情况下，动物动脉血压相对稳定，其维持是通过神经和体液对心脏和血管平滑肌活动不断调节实现的。当内外环境的某些因素发生改变时，动脉血压会发生相应变化。

【实验内容与步骤】

1. 实验准备

兔麻醉仰卧固定于兔解剖台上，剪去颈部被毛，沿颈正中线切开皮肤，暴露气管，钝性分离气管两侧肌肉，分离出与气管平行的左、右颈总动脉及右侧的迷走神经（最粗）和降压神经（降压神经常与交感神经紧贴）。每条神经分离出2~3cm，在各条神经下分别穿不同颜色的丝线以便区别。沿右侧总动脉向头端分离，在颈内动脉和颈外动脉分支处，颈内动脉基部，找到颈动脉窦，其下穿一条丝线备用。左侧颈总动脉下穿两条丝线备用。将左侧颈总动脉游离2~3cm，远心端用丝线结扎，近心端用动脉夹夹闭。用眼科剪在结扎处的向心方向做斜形切口，将灌有肝素生理盐水的动脉套管插入动脉内，用丝线结扎，固定套管，将余线结扎于套管的侧管上，以免滑脱，并用胶布将动脉套管固定在兔头上。然后，缓缓松开动脉夹，可见血液从颈总动脉冲入动脉套管中，再缓缓松开动脉套管通向水银检压计的橡皮管夹，则见水银检压计的浮标及其描记笔尖开始上下移动，开动记纹鼓即可进行各项实验项目，也可用二道生理记录仪、压力换能器装置，使动脉套管与血压换能器相通，由二道生理记录仪记录血压曲线。

2. 实验项目

（1）描记一段正常血压曲线，观察心搏波、呼吸波、最高压波和最低压波。

（2）观察各因素对动脉血压的影响：①经耳缘静脉注射生理盐水20mL，血压有何变化？②经耳缘静脉注射0.01%肾上腺素0.5~1mL，血压有何变化？③经耳缘静脉注射0.01%乙酰胆碱0.5~1mL，血压有何变化？④以动脉夹夹闭对侧即右侧颈总动脉15s，血压有何变化？除去动脉夹，血压恢复后，用丝线纵向扯动右侧颈总动脉，以刺激颈动脉窦，血压有何变化？⑤电刺激减压神经的中端，血压有何变化？⑥电刺激迷走神经的离中端，血压有何变化？⑦夹闭气管，血压有何变化？⑧地心引力的影响：迅速抬高动物后躯，血压有何变化？

【注意事项】

（1）进行一项实验后，须待血压恢复正常，方可进行下一项实验。

（2）实验过程中要注意保温，应随时关注动物麻醉深度。

【数据记录表及处理】

表 2-17　被检动物动脉血压记录表

	静脉注射20mL生理盐水	静脉注射0.01%肾上腺素	静脉注射0.01%乙酰胆碱	夹闭颈总动脉	电刺激减压神经	电刺激迷走神经	夹闭气管	抬高后躯
动脉血压								

【实验结论及问题讨论】

（1）通过实验，你发现使动物动脉血压升高的因素有哪些？其原理是什么？

（2）实验中有哪些因素使动物动脉血压降低？其原理是什么？

实验十七　蛙的微循环观察

【实验目的】

通过显微镜观察蛙肠系膜微循环，了解微循环各部分的组成结构及血流情况，观察药物对微循环的影响。

【实验仪器材料工具】

蛙或蟾蜍、蛙类手术器械、生物显微镜、有孔蛙板、大头针、任氏液、滴管、0.1%肾上腺素、0.01%组织胺。

【实验原理】

微循环是指微动脉与微静脉之间的血液循环，是血液和组织液进行交换的重要环节。微动脉内的血液是从主干流向分支，流速快，有搏动，红细胞有轴流现象（血细胞在血管中央流动）；微静脉内的血液流速慢，无轴流现象；毛细血管透明，近乎无色，其中的血细胞只能单个通过。由于蛙肠系膜很薄，易于透光，可在显微镜下观察到微动脉、微静脉及毛细血管中血液的流动情况。若施予某些药物，则可见到血管的舒缩情况。

【实验内容与步骤】

1. 实验准备

用蛙针将蛙的大脑、脊髓破坏，固定于蛙板上，在腹侧部剪一个切口，拉出一段小肠，将肠系膜展开，并用大头针将其固定在蛙板的圆孔上。然后滴加任氏液，防止干燥。

2. 实验项目

（1）在低倍物镜下观察微动脉、微静脉和毛细血管中血流情况，分辨其流速、流向和特征。

（2）观察各种因素对微循环的影响。①用小镊子给肠系膜血管以轻微机械刺激，观察该处血管口径及血流速度有何变化。②滴1~2滴0.1%肾上腺素于肠系膜血管上，观察血管口径和血流速度有何变化。发生变化后，迅速以任氏液冲洗。③滴1~2滴0.01%组织胺于肠系膜血管上，观察血管口径和血流速度有何变化。

注意：本实验还可改用蛙舌或蛙膀胱进行实验。

【注意事项】

（1）实验过程中要经常滴加少许任氏液，防止标本干燥。

（2）固定的肠系膜不能拉得过紧，不能扭曲，以免影响血管中的血流。

（3）实验结束后要将显微镜仔细擦拭干净，防止被污染。

【数据记录表及处理】

表2-18　被检动物血管口径和血流速度记录表

	机械刺激	0.1% 肾上腺素	0.01% 组织胺
血管口径			
血流速度			

【实验结论及问题讨论】

（1）什么是微循环？微循环组成如何？

（2）微循环有几条通路？各有何生理意义？

（3）在显微镜下如何区分微动脉、微静脉和毛细血管？

实验十八　胸内负压的测定

【实验目的】

证明胸内负压的存在，了解胸内负压产生的机理及影响胸内负压的因素。

【实验仪器材料工具】

兔、常用手术器械、兔解剖台、胸套管（或用尖端磨圆、侧面开孔的粗针头代替）、水检压计、橡皮管、橡皮管夹、20mL注射器、6号针头等。

【实验原理】

胸内负压指胸膜腔内的压力，通常低于大气压。胸内负压主要由肺的回缩力所产生，并随呼吸运动而变化。吸气时负压增大，呼气时负压减小。胸膜腔承受的压力可用下式表示：胸膜腔内压=大气压（肺内压）—肺回缩力。胸内负压的存在是呼吸运动正常进行的必要条件，若胸膜腔的密闭性被破坏，则胸内负压消失，肺组织塌陷，呼吸运动停止。

【实验内容与步骤】

1. 实验准备

将兔麻醉后，仰卧固定于兔解剖台上，剪去术部被毛，切开颈部皮肤，分离气管，气管做"T"形切口，插入气管套管，结扎固定。右侧胸部第4~5肋间切开皮肤1~1.5cm，将与水检压计相连的胸套管（注意用橡皮管夹夹紧与之相连的橡皮管）插入胸膜腔，调节胸套管的位置，以水检压计浮标随呼吸明显波动为宜。固定胸套管，开始各项实验。

2. 实验项目

（1）胸内负压的观察：水检压计充水至"0"刻度处，当胸套管插入胸膜腔时，即可见水检压计与胸膜腔相通的一侧液面上升，而与空气相通的一侧液面下降，这表明胸膜腔内的压力低于大气压，为负压。

（2）观察吸气和呼气时胸内负压的变化。

（3）气胸观察：用一支粗针头，穿透胸壁，使胸膜腔与大气直接相通成为气胸，观察此时胸内负压和呼吸运动的变化。

（4）用注射器抽出进入胸膜腔内的空气，使胸膜腔内呈现负压，观察呼吸运动是否恢复正常及水检压计的变化。

【注意事项】

用粗针头插进胸膜腔时，勿用力过猛，以免伤及肺组织和血管。

【数据记录表及处理】

表 2-19　被检动物胸腔膜内压数据记录表

	正常		气胸	
	呼气末	吸气末	呼气末	吸气末
胸膜腔内压				

【思考题】

（1）什么是胸内负压？胸内负压是如何形成的？有何生理意义？

（2）气胸对呼吸运动有什么影响？

实验十九　呼吸运动的调节

【实验目的】

观察各种因素对呼吸运动的影响，进而了解其作用机理；掌握呼吸运动的描记方法。

【实验仪器材料工具】

兔、手术台、常用手术器械、张力感受器、气管套管、橡皮管、记纹描记装置、5mL注射器、20mL注射器、气囊、纱布、棉线、麻醉药、生理盐水、3%乳酸或稀盐酸溶液等。

【实验原理】

呼吸运动是一种节律性运动，基本的呼吸中枢位于延髓，产生呼吸节律，呼吸的深度和频率受神经系统和体液因素的调节，可随机体活动水平而改变，动脉血中二氧化碳分压升高、氢离子浓度增加、氧分压降低时，引起呼吸加快加深，使之与机体代谢水平相适应：血液中二氧化碳分压升高时，一是刺激外周化学感受器，经化学感受性反射，引起呼吸中枢兴奋，导致呼吸加深、加快；二是血液中的二氧化碳透过血脑屏障进入脑脊液，二氧化碳和水生成碳酸，解离出氢离子，刺激延髓的中枢化学感受器，通过一定的神经联系引起呼吸中枢兴奋，呼吸加深、加快。血氧下降可刺激外周化学感受器，引起呼吸中枢反射性兴奋，导致呼吸加深加快。动脉血中氢离子增加，主要通过外周化学感受器的反射引起呼吸加深加快；氢离子降低，呼吸受到抑制。三者之间互相影响，不只是一种因素。

【实验内容步骤】

1. 实验准备

兔麻醉后仰卧固定于手术台上，剪去颈部与剑突腹面的被毛，切开颈部皮肤，分离出气管与两侧迷走神经；在气管做"T"形切口，插入气管套管，用丝线结扎，在气管套管两个通气端的一端上连接长度为4~6cm的橡皮管以供操作使用，在另一端连接张力感受器与橡皮管，并连上记纹描记装置。

2. 实验项目

（1）观察正常呼吸运动及正常呼吸描记曲线。

（2）观察各种因素对呼吸运动的影响。①用止血钳闭塞气管套管上的橡皮管约20s，呼吸运动有何变化？②增大无效腔对胸内负压的影响：在气管套管的一个侧管上连接一个50cm左右的橡皮管，然后闭塞另一个侧管开口，使无效腔加大，对呼吸运动有何影响？③用20mL注射器抽满空气，在吸气之末闭塞一侧套管，同时经与气管套管的另一侧相连的橡皮管立即用注射器向肺内打入空气，呼吸运动有何变化？是否暂时停止在呼气状态？④用20mL注射器抽出一定量空气，呼吸运动有何变化？是否暂时停止在吸气状态？⑤将充满二氧化碳气体的气囊与空气相通的一侧出入口连接，使实验动物吸入较多二氧化碳，呼吸运动有何变化？⑥由耳缘静脉注射3%乳酸或稀盐酸溶液0.2mL，呼吸运动有何变化？⑦切断一侧迷走神经，呼吸运动有何变化？再将另一侧迷走神经切断，呼吸运动又有何变化？

【注意事项】

（1）手术过程中应细心分离，勿伤及血管与神经。

（2）气管插管前注意止血并清理气管内异物。

（3）每一项实验前后均应有正常呼吸运动曲线做对比。

【数据记录表及处理】

表 2-20　被检动物呼吸运动记录表

	增大无效腔	注入空气	抽出空气	连二氧化碳气囊	静脉注射3%乳酸或稀盐酸溶液	切断迷走神经
呼吸运动						

【实验结论及问题讨论】

（1）血液中二氧化碳增多或氧气不足时，呼吸运动有何改变？

（2）血液中二氧化碳分压升高、氢离子浓度增加、氧分压降低影响呼吸运动的机制是什么？

实验二十　动物能量代谢的测定

【实验目的】

了解动物能量代谢测定的基本原理和方法。

【实验仪器材料工具】

小鼠、广口瓶（或干燥器）、水检压计、温度计、碱石灰、10mL注射器、液体石蜡、秒表、橡皮管、鼠笼等。

【实验原理】

新陈代谢是机体生命活动的基本特征，包括物质代谢和能量代谢。生物体内物质代谢过程中所伴随的能量释放、转移和利用等，称为能量代谢。能量代谢有直接测热法和间接测热法。间接测热法是通过测定动物机体在单位时间内的耗氧量和二氧化碳排出量来计算机体的产热量。本实验是通过测定小鼠消耗一定量氧气所需要的时间，推算每小时耗氧量，从而计算出小鼠的能量代谢。

【实验内容与步骤】

1. 实验准备

按小鼠能量代谢测定装置进行安装（图2-12）。检查小鼠代谢测定装置是否漏气，保证不漏气，以注射器推进一定量的气体，使水检压计至"0"刻度处，然后夹闭进气管或保持注射器在一定位置。观察5~10min，如水柱高度不变，表示不漏气，可以进行实验。

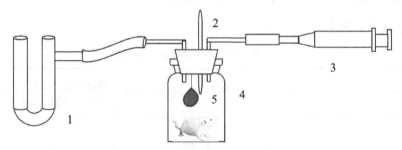

1—水检压计；2—温度计；3—注射器；4—广口瓶；5—铁丝篮（内装钠石灰）

图 2-12　小鼠能量代谢测定装置

2. 实验方法

（1）将小鼠称重后连同碱石灰一起放入广口瓶内，加盖密闭，待小鼠比较安静时加瓶盖开始实验。

（2）以液体石蜡涂布注射器内芯，往返抽送涂布均匀，防止漏气，注射器内先装入10mL空气，然后分3次推送入广口瓶内，每次推进2~3mL，则见水检压计与大气相通的水柱液面升高，同时记下时间。

（3）因为小鼠代谢过程中消耗了氧气，而所产生的二氧化碳又被广口瓶内的钠石灰吸收，所以广口瓶内气体逐渐减少，与大气相通的水柱液面也随之回降。待液面降至原来水平时，再将注射器向前推进2~3mL，如此重复进行，直至推进10mL为止。待水检压计两边的水柱液面降到同一水平时，记下时间。从开始至此时，3次推送空气的时间相加即为消耗10mL氧气所需的时间。

3. 代谢率计算

假定小鼠所食为混合食物，其呼吸熵为0.82，氧热价则为20.188kJ/L。

每小时产热量（kJ/h）=混合食物氧热价×每小时耗氧量（L）

代谢率［kJ/（m²·h）］=每小时产热量（kJ/h）/体表面积（m²）

小鼠体表面积（m²）=0.913$\sqrt[3]{\text{体重（kg）}^2}$ （Rubner公式）

【注意事项】

碱石灰要新鲜干燥。本实验所求得的数值为近似值。如通入氧气以代替空气，并按标准状况校正气体的容积，则可获得较准确的数值。

开始实验和消耗10mL氧气所观察的水柱液面一定要在水平线上，记下准确时间，计算时才能缩小误差。为了便于观察，可将水检压计内水染成红色。

【数据记录表及处理】

表2-21 小鼠能量代谢测定数据记录表

小鼠	每小时耗氧量（L）	每小时产热量（kJ/h）	体表面积（m²）	代谢率［kJ/（m²·h）］
1号				
2号				
3号				

【实验结论及问题讨论】

（1）动物能量代谢测定的方法有几种？什么是间接测热法？

（2）能量代谢率为什么以体表面积作为计量单位？

实验二十一　动物体温、脉搏、心率和呼吸频率的测定

【实验目的】

通过实验熟练掌握动物常见生理指标如体温、脉搏、心率、呼吸频率的检测方法，以及各种动物（马、牛、羊、猪、兔等）正常心音的特点，识别第一心音及第二心音。了解动物这些生理指标的正常数值范围。

【实验仪器材料工具】

马、牛、羊、猪、兔等，以及兽用体温计或红外测温仪、听诊器、75%酒精棉球、凡士林。

【实验原理】

机体在正常生理条件下，具有其恒定体温，但机体各部分温度存在差异，对于动物一般测定其直肠温度。

动物每分钟心搏次数为心率，可通过心音听诊获得，在每一心动周期中，由心房和心室的规律性舒缩、心瓣膜的启闭和心脏射血及血液充盈等因素引起的振动经组织传至胸壁。将听诊器置于胸壁一定部位，即可在每一心动周期中听到两个心音，即第一心音和第二心音。第一心音发生在心缩期，音调较低，持续时间长，属浊音，在心尖搏动处听得最清楚，是由房室瓣关闭和心室肌收缩振动所产生的，声音较响，是心肌收缩的标志，其响度和性质变化常可反映心室肌收缩强弱和房室瓣的功能状态。第二心音发生在心舒期，音调较高，持续时间较短，是由半月瓣关闭产生的振动所致，声音较脆，是心室舒张的标志。动脉脉搏次数可通过把脉获得，二者数据一致。

动物每分钟呼吸的次数为呼吸频率。

【实验内容与步骤】

1. 直肠温度的测定

动物保定，将体温计水银柱甩至35℃以下，以75%酒精棉球消毒，水银头处沾水或凡士林少许，提起实验动物的尾巴，将体温计缓缓捻转插入肛门约2/3处（4~5cm），夹子固定在荐部，待3~5min后取出读数。

2. 心音的听诊

在动物胸部听诊第一心音（心缩音）和第二心音（心舒音），并记录每分钟心搏的次数。

（1）人体心音听诊：受试者解开上衣，面向亮处坐好，检查者坐在对面。检查者

戴好听诊器，以右手拇指、食指轻持听诊器胸件，按二尖瓣听诊区→主动脉瓣听诊区→肺动脉瓣听诊区→三尖瓣听诊区顺序仔细听取心音（图2-13）。根据两个心音在音调、响度、持续时间和时间间隔方面的差异，注意区分第一心音和第二心音。比较不同部位的两个心音的强弱。

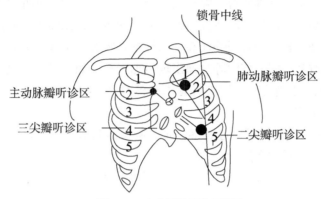

图 2-13　心音听诊部位示意图

（2）不同动物心音听诊：各种动物心脏的位置通常在第3~6肋间，略偏左侧。在听取心音时应站在动物的左侧。①牛、马、鹿的心音听诊：让动物处于自然站立姿态，适当保定。检查者右手固定动物的鬐甲部或肩部，左手持听诊器。将听诊器胸件放在动物左侧第3~6肋间，胸腔下1/3水平线上，选择心音最强点进行听诊。根据心音特征，注意仔细区分第一心音和第二心音，并计数心率。②羊、猪的心音听诊：方法与牛、马相似，可使动物站立，也可取右侧卧位姿势。

（3）心音的病理变化：可表现为心率过快或徐缓、心音混浊、心音增强或减弱、心音分裂或出现心杂音等。

3. 脉搏的测定

用手轻轻搭住动脉搏动明显处，记录每分钟动脉搏动的次数，频率与心搏一致。

牛：检查者站在牛的正后方，左手将牛的毛根略微抬起，用右手的食指和中指压在尾腹面的尾中动脉上进行计数。记录1min的脉搏数。

羊：可通过颌外动脉或股内动脉测定脉搏。检查股内动脉时，检查者左手握住羊的一侧后肢的下部，右手的食指和中指放于股内侧的股动脉上，拇指放于股外侧。记录1min的脉搏数。

猪：小猪一般在后腿的内侧股动脉部，大猪在尾根底下部，也就是在尾底动脉部。检查时可用手指轻按，感触脉搏跳动的次数和强度。如果不方便，可用听诊器，或用手触摸心脏部，根据心脏跳动的次数来确定脉搏。

总之，大动物多检查颌外动脉或尾动脉，中、小动物则以股动脉为宜。

4. 呼吸音的听诊及呼吸频率的测定

（1）呼吸音的听诊：气体进出呼吸道时与肺泡发生摩擦而发出的声音，经过肺组织和胸壁，在体表所听到的声音，即为肺呼吸音。在正常肺部可以听到肺泡呼吸音和支气管呼吸音，病理情况下，还可以听到各种异常呼吸音。①肺泡呼吸音：健康动物可听到微弱的肺泡呼吸音，于吸气阶段较清楚，如"呋"的声音，整个肺区都可听到，但以肺区中部为最明显。各种动物中，马的肺泡呼吸音最弱，牛、羊较明显，幼畜的肺泡呼吸音比成畜略强。②支气管呼吸音：除马属动物外，其他动物尚可听到支气管呼吸音，是一种类似将舌抬高而呼出气体时所发出的"嚇"的声音，比肺泡呼吸音强，吸气时较弱而短，呼气时较强而长，声音粗糙而高。③异常呼吸音：病理情况下，生理呼吸音的性质和强度会发生改变，同时伴随呼吸而出现附加音响，如干啰音（说明支气管内有黏稠分泌物）、湿啰音/水泡音（说明支气管内有稀薄分泌物或肺水肿）、捻发音（说明肺泡被感染而有渗出物）等。

（2）呼吸频率的测定：可通过观察鼻张、胸腹部起伏，或者以羽毛、手指在鼻部感受来测定每分钟呼或吸的次数。

【注意事项】

（1）实验室内必须保持安静，以利于听诊。

（2）听诊器耳端应与外耳道方向一致，橡皮管不可交叉扭结，不可与其他物体产生摩擦，以免发生摩擦音，影响听诊。

【数据记录表及处理】

表 2-22 牛、羊、猪相关指标的测定数据记录表

	体温	脉搏	心率	呼吸频率
牛				
羊				
猪				

【实验结论及问题讨论】

常见动物（牛、羊、猪、鸡、兔）的体温、脉搏、呼吸频率值分别是多少？你所测定的试验动物的各指标值在正常范围内吗？

实验二十二 瘤胃微生物观察

【实验目的】

观察瘤胃内微生物，了解纤毛虫的活动情况。

【实验仪器材料工具】

牛或羊、手术器械、瘤胃瘘管、显微镜、单凹载玻片、盖玻片、玻璃平皿、注射器、滴管、甘油碘溶液［以10%福尔马林生理盐水2份、卢氏碘液（碘片1g、碘化钾2g、蒸馏水300mL）5份、30%甘油3份混合］、75%酒精棉球。

【实验原理】

瘤胃内存在大量厌氧微生物，主要有纤毛虫、细菌和真菌。它们的种类和数量因饲料、动物年龄等不同而不同，它们产生的消化酶对饲料进行发酵，速度比化学消化要慢。瘤胃是一个极其复杂的微生物共生生态系统。瘤胃微生物种类和数量繁多，以饲料中所提供的淀粉和糖类为能量，并吸收饲料中的蛋白前体物，限制性氨基酸以及必需的微量元素和维生素进行生长和繁殖；然后利用饲料中的纤维素、非蛋白含氮物生成挥发性脂肪酸，被反刍动物通过瘤胃壁大量吸收利用，而其他气体则以嗳气形式排出体外。

【实验内容与步骤】

1. 实验准备

瘤胃瘘管手术：按照无菌手术要求进行操作，羊全身麻醉后，右侧卧固定在手术台上，术部剪毛消毒。在左肷部肷窝处沿最后肋骨平行切开皮肤5~6cm，切断皮下肌、结缔组织和腹斜肌，分离腹纵肌，切开腹膜。以左手提起瘤胃壁，与皮肤作4~6处临时缝合，并在瘤胃壁浆膜层做两道荷包缝合线。在缝合线正中剪一"十"字形开口，将瘘管由瘤胃壁开口处放入，收紧第一道荷包线后，重新进行术部消毒，再收紧第二道荷包缝合线，拆去临时缝合线。然后进行切口的关闭缝合，创口分两层缝合，内层包括腹膜与斜肌层，连续缝合，外层以纽扣状或结节缝合皮肤和皮下肌层。创口边缘涂以碘酒和凡士林。术后1周拆线，即可进行实验。

2. 瘤胃内容物观察

（1）从瘤胃瘘管或用食管导管用注射器抽取瘤胃内容物约100g，放入玻璃平皿内，观察其色泽、气味等性状。

（2）用滴管吸取瘤胃内容物少许，滴在洁净的单凹载玻片上，盖上盖玻片，在显微镜下观察。先以低倍物镜检查淀粉颗粒及残缺纤维片，注意观察纤毛虫的运动；然后改用高倍物镜观察瘤胃细菌，主要观察链球菌的形态。

（3）加滴甘油碘溶液于载玻片上，观察染色后的变化，可见纤毛虫体内及饲料的淀粉颗粒呈蓝黑色。

【注意事项】

纤毛虫对温度很敏感，观察纤毛虫活动应在适宜的室温或保温条件下进行。

【数据记录表及处理】

表 2-23 被检动物瘤胃微生物观察情况记录表

瘤胃内容物	细菌	纤毛虫
观察情况		

【实验结论及问题讨论】

（1）瘤胃内为何可进行强大的微生物消化？

（2）瘤胃内微生物和纤毛虫种类有哪些？作用如何？

实验二十三 胃肠运动的直接观察

【实验目的】

观察胃肠道的运动情况及其影响因素。

【实验仪器材料工具】

兔、台氏液、阿托品注射液、新斯的明注射液、0.01%肾上腺素、0.01%乙酰胆碱、常用手术器械、麻醉药、纱布、索线等。

【实验原理】

消化道平滑肌具有自动节律性，可以进行多种形式的运动，主要有紧张性收缩、蠕动、分节运动及摆动。在整体情况下，消化道平滑肌的运动受神经和体液的调节。兔的胃肠运动活跃且运动形式典型，是观察胃肠运动的好材料。

【实验方法与步骤】

1. 实验准备

（1）将兔仰卧固定于手术台上，剪去颈部和腹部的被毛，将其麻醉。

（2）从剑突下，沿正中线切开皮肤，打开腹腔，暴露胃肠。

（3）在膈下食管的末端找出迷走神经（副交感神经）的前支，分离后，下穿一根细线备用。以浸有温台氏液的纱布将肠推向右侧，在左侧腹后壁肾上腺的上方找出左侧内脏大神经（交感神经），下穿一根细线备用。

2. 实验项目

（1）观察相对正常情况下胃肠运动的形式，注意胃肠的蠕动、逆蠕动和紧张性收缩，以及小肠的分节运动等。在幽门与十二指肠的接合部可观察到小肠的摆动。

（2）观察神经因素对胃肠活动的影响。①刺激一侧迷走神经离中端，观察胃肠运动有何变化？②刺激内脏大神经（交感神经），观察胃肠运动有何变化。

（3）观察化学试剂对胃肠活动的影响。①选一段肠管，在其表面滴加几滴0.01%肾上腺素，观察运动有何变化。②再选一段肠管，在其表面滴几滴阿托品注射液，观察运动有何变化。③另选一段肠管，在其表面滴几滴新斯的明注射液或0.01%乙酰胆碱，观察运动有何变化。

【注意事项】

（1）胃肠在空气中暴露时间过长时，会导致腹腔温度下降。为了避免胃肠表面干燥，应随时用温台氏液或温生理盐水湿润胃肠，防止降温和干燥。

（2）实验前2~3h将兔喂饱，实验结果会更好。

【数据记录表及处理】

表2-24　被检动物胃肠运动情况记录表

	刺激交感神经	刺激迷走神经
胃肠运动		

表2-25　被检动物肠段运动情况记录表

	阿托品注射液	0.01% 肾上腺素	0.01% 乙酰胆碱	新斯的明注射液
肠段运动				

【实验结论及问题讨论】

（1）胃肠上滴加阿托品注射液、新斯的明注射液、0.01%乙酰胆碱、0.01%肾上腺素，胃肠运动各有何变化？为什么？

（2）正常情况下，食道、胃、小肠和大肠有哪些运动形式？

实验二十四　反刍动物咀嚼与瘤胃运动的描记

【实验目的】

观察反刍动物的咀嚼与瘤胃运动情况，掌握其描记方法。

【实验仪器材料工具】

羊（或牛）、保定架、瘤胃运动描记装置、电动记纹鼓、橡皮管、气球。

【实验原理】

反刍动物的瘤胃占据腹腔左侧的极大部分，体积很大。瘤胃运动时，其内压力发生变化，可将气球经瘘管放入瘤胃内，通过换能器与瘤胃运动描记装置，利用电动记纹鼓将瘤胃运动描记出来。

在动物颊部笼头上安置一个咀嚼描记器，借助空气传导装置，能记录颊部运动。

【实验内容与步骤】

1. 实验准备

（1）瘤胃瘘管手术操作：安装好瘤胃瘘管（见实验二十二），术部愈合后开始实验。

（2）瘤胃运动直接测定装置及其安装：将实验羊或牛在保定架上固定，打开瘘管塞，将连有橡皮管的气球放入瘤胃，并堵住瘘管，橡皮管外端连接压力换能器，向气球内充气后即可描记活体瘤胃运动曲线。

（3）在动物颊部笼头上安置一个咀嚼描记器，借助空气传导装置，能记录颊部运动，然后开始实验。

2. 实验项目

（1）记录正常瘤胃运动10min，观察蠕动次数、分布情况及收缩强度。

（2）喂以青草，记录5min，观察瘤胃运动有何变化。

（3）静止时喂以清水，观察是否影响瘤胃运动。

（4）观察反刍时瘤胃运动情况。

【注意事项】

（1）应检查橡皮球及橡皮管等描记系统是否漏气。

（2）咀嚼描记器应与所测定部位的皮肤密切接触，但也不宜太紧。

（3）实验时尽量让动物保持安静。

【数据记录表及处理】

表 2-26　被检动物瘤胃运动记录表

	不饲喂时	饲喂青草时
瘤胃运动		

【实验结论及问题讨论】

（1）瘤胃运动是怎样进行的？其对瘤胃消化有何生理学意义？

（2）前胃是怎样运动的？哪些运动与反刍、嗳气有关？

实验二十五　肠内容物渗透压对小肠吸收的影响

【实验目的】

了解小肠吸收与肠内容物渗透压之间的关系。

【实验材料仪器工具】

兔、手术固定台、麻醉药、常用手术器械、丝线、注射器、蒸馏水、0.9%氯化钠溶液、5%葡萄糖溶液、6%硫酸镁溶液。

【实验原理】

小肠是消化产物吸收的主要部位。肠内容物渗透压是制约小肠吸收的因素，在一定范围内，肠内容物浓度越高，渗透压越高，吸收越慢；浓度过高时，则出现反渗透现象，使内容物的渗透压降低至一定程度后，才被吸收。而水的吸收是被动的渗透过程，即需要溶质被吸收后，溶液为低渗透压时，水透过肠壁向血液中转移。由于硫酸镁溶液对肠壁具有反渗透作用，故可用作泻药。

【实验内容与步骤】

将兔麻醉，仰卧固定，剖开腹腔，拉出空肠约20cm，轻轻地移去内容物，再用丝线结扎为等长的A、B、C、D四段。在A段中注入蒸馏水3mL，在B段中注入0.9%氯化钠溶液3mL，在C段中注入5%葡萄糖溶液3mL，在D段中注入6%硫酸镁溶液3mL，然后将各肠段全部放回腹腔中，经1h以上，观察各肠段内溶液被吸收的程度有何不同。

注意：结扎肠段时，避免结扎到血管；注意实验动物保温。

【数据记录表及处理】

表 2-27　被检动物肠段体积和吸收情况记录表

	蒸馏水	0.9% 氯化钠溶液	5% 葡萄糖溶液	6% 硫酸镁溶液
肠段体积				
吸收情况				

【实验结论及问题讨论】

渗透压如何影响小肠的吸收？为什么可将硫酸镁溶液用作泻药？

实验二十六　影响尿分泌的因素

【实验目的】

了解一些生理因素对尿分泌的影响，学习输尿管插管技术。

【实验仪器材料工具】

兔、注射器、手术台、手术器械、导尿管、棉线、20%葡萄糖、0.01%肾上腺素、0.9%氯化钠溶液、10%尿素溶液、抗利尿激素、烧杯、计滴器、电动记纹鼓等。

【实验原理】

尿是血液流过肾单位时经过肾小球滤过，肾小管与集合管重吸收和分泌而形成的。影响肾小球滤过作用的主要因素是有效滤过压，有效滤过压的大小取决于肾小球毛细血管内的血压，以及血液的胶体渗透压和囊内压。影响肾小管和集合管重吸收功能的主要因素是管内液渗透压和肾小管上皮细胞的通透性。

【实验内容与步骤】

1. 实验准备

在实验前应给予动物足够的饮水（或多给予多汁青绿饲料）。将兔麻醉后，仰卧固定于手术台上，在耻骨联合前方沿腹中线切开腹壁，找到膀胱，在膀胱底部先找到一侧输尿管，底部穿一根线备用，再在此输尿管上剪一个小口，由小口朝肾脏方向插入一根充满温热0.9%氯化钠溶液的导尿管，用线结扎固定，另一侧输尿管采取同样操作。导尿管的一端对准计滴器，计滴器连接电动记纹鼓以便观察。也可在膀胱腹面正中做一个荷包缝合，再在中心剪一个小口，插入膀胱套管，收紧缝线，固定膀胱套管，并在膀胱套管及所连接的胶管和直套管内注满0.9%氯化钠溶液，另一端对准计滴器。

2. 实验项目

（1）记录正常情况下每分钟尿分泌的滴数。可连续计数5~10min，求其平均数并观察动态变化。

（2）观察各种影响因素对尿分泌的影响。①耳缘静脉注射0.01%肾上腺素0.5~1mL，计数每分钟尿分泌的滴数。②耳缘静脉注射0.9%氯化钠溶液20mL，计数每分钟尿分泌的滴数。③耳缘静脉注射抗利尿激素0.5~1mL，计数每分钟尿分泌的滴数。④耳缘静脉注射20%葡萄糖10mL，计数每分钟尿分泌的滴数。⑤耳缘静脉注射10%尿素溶液10mL，计数每分钟尿分泌的滴数。

【注意事项】

（1）在进行每一实验步骤时必须待尿量基本恢复或者相对稳定以后再开始，而且在每项实验前后，要有对照记录。

（2）实验中要多次进行耳缘静脉注射，因此要保护好耳缘。

（3）手术动作要轻柔，避免引起损伤性尿闭。腹部切口不可过大，剪开腹膜时应避免损伤内脏。

【数据记录表及处理】

表2-28　被检动物每分钟尿分泌滴数记录表

	0.01% 肾上腺素	0.9% 氯化钠	抗利尿激素	20% 葡萄糖溶液	10% 尿素
每分钟尿分泌的滴数					

【实验结论及问题讨论】

（1）静脉注射0.01%肾上腺素、大量0.9%氯化钠、抗利尿激素、20%葡萄糖、10%尿素溶液时，尿量各有何变化？为什么？

（2）静脉注射20%葡萄糖时为什么会出现短暂糖尿？

实验二十七　尿液理化性质和成分的测定

【实验目的】

熟悉家畜（牛、羊、猪）尿液检测方法。了解家畜正常尿液成分。

【实验仪器材料工具】

健康牛、猪、羊数只，US-200尿液分析仪，试管，烧杯，F11-Ⅱ尿液试纸，热敏打印纸（57mm×35mm）。

【实验原理】

尿液分析仪（图2-14）利用单色光对试纸条上的反应区进行逐项扫描，因为单色光在不同颜色及同种颜色而深浅不同的情况下的反射率不同。通过确定反射率的梯度，可以确定尿液中各生化成分的含量。仪器以3种单色光对试纸进行逐项扫描，扫描系统将光信号转换成电信号，仪器的控制系统对电信号进行处理，最后计算出某颜色的反射率的数值。

仪器根据反射率的数值即可得出某项测试块所代表的尿液中某种生化成分的浓度。再经过内部处理器的处理，把测试结果以有临床意义的单位显示并打印出来。

尿由水和溶质（包括有机物和无机物）组成，但其化学组成随动物所采食的饲料性质和机体组织活动状态而变化。在一般的情况下，尿中95%~97%是水，溶质以无机物和有机物为主，无机物中氯离子、钠离子、钾离子较多，硫酸盐、磷酸盐次之，还有铵离子等。有机物中尿素含量最多，还有肌酐、尿酸、肌酸、肌酸酐、马尿酸、草酸、尿胆素、葡萄糖醛酸酯以及某些激素、维生素和酶等。

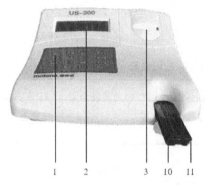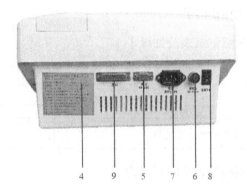

1—键盘；2—液晶显示器；3—打印机盖板；4—打印纸盒；

5—标准RS232C接口；6—保险丝；7—电源插座；8—电源开关；

9—外部打印机接口；10—载物台；11—载物台托板

图2-14　US-200尿液分析仪

【实验内容与步骤】

（1）用烧杯接取动物尿液后置入试管，编号，带回实验室检测。

（2）打开电源，机器自检，出现字幕。

（3）将F11-Ⅱ尿液试纸浸入尿液中，再放置在检测槽内。

（4）按"开始"键，仪器等待30s后自动检测。

（5）打印检测结果。

【数据记录表及处理】

表2-29　被检动物尿液理化性质和成分测定记录表

	编号	尿胆原	胆红素	酮体	血	蛋白质	亚硝酸盐	白细胞	葡萄糖	比重	pH值	维生素C
动物	1											
	2											
	3											
	4											

【实验结论及问题讨论】

所测定动物尿液正常吗?

实验二十八　去大脑僵直

【实验目的】

了解去大脑动物的肌紧张改变,理解脑干对肌紧张的调节机制。

【实验仪器材料工具】

兔、常用手术器械、兔解剖台、麻醉药、骨剪、咬骨钳、颅骨钻、骨蜡、线、干棉球、纱布等。

【实验原理】

中枢神经系统的网状结构中,存在着调节肌紧张的抑制区和易化区。两者既互相拮抗又互相协调,使骨骼肌维持着适度的肌紧张,保持动物体的正常姿势。在中脑上下叠体之间横断脑干,由于被切断的脑干与抑制系统的联系较多,易化系统的作用相对加强,导致反射性伸肌紧张性亢进。动物表现出四肢伸直、头部后仰、尾巴竖立等角弓反张症状,这种现象称为去大脑僵直。在正常机体内,脑干对脊髓躯体运动神经元的后行作用包括易化和抑制两方面,而且经常保持着动态平衡,从而使全身骨骼肌的紧张性收缩保持适当的强度,躯体运动也得以正常进行,当病变造成这两个系统之间的关系失调时,将出现肌紧张性亢进或减弱。

【实验内容与步骤】

1. 实验准备

(1)将兔麻醉后,俯卧固定于兔解剖台上,颈部剪毛消毒,沿颈中线切开皮肤,分离两侧颈动脉,并以丝线分别结扎,以免头部手术时大量出血。翻转动物,改为腹位固定,头顶部剪毛、消毒。

(2)自正中线纵向切开头部皮肤,钝性剥离附着在头骨上的肌肉,出血时及时用纱布止血。露出头骨,分离颞肌和骨膜,用骨钻在颅骨旁钻一个孔,注意所开的颅骨创口应向后扩展到枕骨,并用咬骨钳扩大,直至暴露双侧大脑半球的后缘,再剪除硬脑膜,露出脑面,若有出血,用骨蜡止血。

2. 实验项目:

(1)切断脑干:松开动物四肢,左手握兔头,右手用刀柄自大脑半球后缘将枕叶轻轻向前推拨，即可见到中脑前后丘部分，在前后丘之间略微倾斜，对准口角方位用竹刀切断脑干，即成去大脑动物。

（2）观察：手术后几分钟即可观察到兔四肢逐渐伸直、头向后仰、尾上翘，呈角弓反张状态，即为去大脑僵直现象。

【注意事项】

（1）开颅过程中应随时止血，注意勿伤大脑皮层。

（2）切断部位要准确，不能偏后，否则会伤及延髓，造成死亡。

【数据记录表及处理】

表 2-30　被检动物脑干切断前后姿势记录表

	脑干切断前	脑干切断后
被检动物姿势		

【实验结论及问题讨论】

什么是去大脑僵直？其产生机制是怎样的？

实验二十九　损伤小脑动物的观察

【实验目的】

通过观察破坏动物小脑后引起的肌张力、随意活动的变化和平衡的失调，了解小脑在肌紧张调节、运动协调和维持姿势中的重要作用。

【实验仪器材料工具】

小鼠、手术器械、鼠手术台、注射针头、干棉球、烧杯、乙醚。

【实验原理】

小脑是躯体运动调节的重要中枢。它与脑的其他部位通过某些途径发挥对躯体运动的调节作用：一是通过与前庭系统的联系，维持身体平衡；二是通过与中脑红核等部位的联系，调节全身的肌紧张；三是通过与丘脑和大脑皮层的联系，控制躯体的随意运动。小脑损伤后，则正常运动和姿势协调都遭到破坏。

【实验内容与步骤】

（1）实验准备：先观察正常小鼠的姿势、肌张力以及运动的表现。将小鼠罩于烧杯内，放入一块浸有乙醚的棉球，待小鼠进入麻醉状态后，将其取出，俯卧位固定于鼠手术台上。

（2）实验项目：将小鼠头部沿正中线剪开皮肤，用刀背向两侧剥离颈部肌肉及骨膜，暴露颅骨，透过颅骨可见到小脑。在正中线旁开1~2mm，用大头针垂直刺入一侧小脑，进针深度约3mm，然后前后左右搅动，以破坏该侧小脑。取出大头针，用棉球压迫止血。

（3）观察项目：待小鼠清醒后观察其姿势、肢体肌肉紧张度的变化、行走时是否有不平衡现象以及是否向一侧旋转或翻滚。

【注意事项】

（1）手术过程中为防止动物苏醒或挣扎，可随时将乙醚棉球放置于小鼠鼻端进行麻醉。

（2）破坏小脑时垂直进针，深度适宜，以免伤及中脑、延髓或对侧小脑。

【数据记录表及处理】

表 2-31　被检动物破坏小脑前后情况记录表

	破坏小脑前	破坏小脑后
姿势		
平衡		
旋转		

【实验结论及问题讨论】

小脑有何生理功能？

实验三十　下丘脑对体温和摄食行为的调节

【实验目的】

了解下丘脑对动物机体的体温和摄食行为的调节作用。

【实验仪器材料工具】

大鼠、数字式体温计、手术器械、鼠板、玻璃罩、棉球、乙醚、兔、手术器械、保定支架、注射器、快速黏合剂、保护壳、10%水合氯醛溶液、生理实验三用仪。

【实验原理】

下丘脑位于大脑腹面、丘脑的下方，是调节内脏活动和内分泌活动的较高级神经中枢所在。体温调节的高级神经中枢位于下丘脑，下丘脑前部是温度敏感神经元的所在，感受着体内温度的变化，下丘脑前部受损，动物机体的散热机制失控，失去在热环境中调节体温的功能；下丘脑后部是体温调节的整合部位，能调整机体的产热和散热过程，使体温保持恒定。若前、后部同时受损，则产热、散热的反应都将丧失，体温将类似变温动物。

下丘脑外侧区存在摄食中枢，而腹内侧核存在所谓饱中枢，后者可以抑制前者的活动。实验证明，用埋藏电极刺激清醒动物下丘脑外侧区，则引致动物多食，破坏此区后，则动物拒食；电刺激下丘脑腹内侧核则动物拒食，破坏此核后，则动物食欲增大而逐渐肥胖。用微电极分别记录下丘脑外侧区和腹内侧核的神经元放电情况，观察到动物在饥饿情况下，前者放电频率较高而后者放电频率较低。因此，下丘脑的摄食中枢与饱中枢的神经元活动调节着动物的摄食行为。

【实验内容与步骤】

1. 刺激下丘脑对大鼠体温的调节

（1）将数字体温计的测试探头与体温计相连接，打开数字体温计的电源开关。将测试探头暴露于空气中，此时数字体温计显示的是当前的室温。将测试探头轻轻插入大鼠的肛门，记录数字体温计显示的大鼠正常体温。

（2）将大鼠放置于玻璃罩中，放入乙醚棉球将其麻醉，待大鼠进入麻醉状态后，将其固定于鼠板上。用小钻沿大鼠颅骨的适当部位钻孔，将探针沿钻孔部位向下插入丘脑下部的前侧区域。先将连接电源的蓝柄夹子夹于大鼠颅顶部皮肤上，夹子另一端连接在电源上；红柄夹子一端连接电源，另一端小心接于颅顶部的探针上。

（3）打开电源，选择适当的刺激强度对大鼠下丘脑进行电刺激。此时，观察并记录数字体温计显示的大鼠体温。

2. 刺激下丘脑对兔摄食行为的调节

（1）称量兔的体重，按照相应剂量于耳缘静脉注射10%水合氯醛溶液进行麻醉。待兔进入麻醉状态后，头顶部除毛、消毒，将其固定于支架上。将生理实验三用仪的探针垂直固定于移动支架上，持手术刀纵向切开皮肤，暴露颅顶部。用小钻在颅顶部适当部位钻孔，调整支架使探针与小孔部位垂直相对，慢慢将探针插入，使其与丘脑下部摄食区接触。确定部位后，用快速黏合剂将探针固定于颅骨上，去除移动架，在术部扣上保护壳。待兔苏醒后，可进行下一步实验。

（2）实验前将兔喂饱，固定于支架上。将生理实验三用仪的一根电极固定于兔的耳部，另一根电极小心夹于颅顶部探针的末端。

（3）打开生理实验三用仪的电源，选择连续刺激方式，适当提高刺激强度。将草饲喂于兔，观察其摄食行为。停止电刺激，重新饲喂观察。重复上述操作，观察记录兔的摄食行为。

【注意事项】

（1）数字体温计使用前提前测试。

（2）探针插入颅顶部钻孔部位的丘脑下部前侧区域。

（3）垂直插入兔下丘脑的探针必须固定，防止麻醉苏醒后脱落。

（4）正式进行试验前兔子必须喂饱，以防对结果造成影响。

【实验结论及问题讨论】

（1）电刺激下丘脑对实验鼠体温有什么影响？

（2）电刺激下丘脑对实验兔摄食行为有什么影响？

实验三十一　骨骼肌的单收缩和强直收缩

【实验目的】

掌握骨骼肌单收缩、不完全强直收缩、完全强直收缩的特征和形成原理。

【实验仪器材料工具】

蛙、蛙类手术器械、培养皿、铁支架、丝线、肌槽、生理实验三用仪、刺激电极、张力换能器、电动记纹鼓、任氏液等。

【实验原理】

当一个阈上刺激直接或间接作用于骨骼肌，则肌肉发生一次收缩，然后舒张，这一现象称为单收缩。当相继给予骨骼肌多个强度相同的阈上刺激时，若后一次刺激落在前一次刺激引起的收缩的舒张期内，各次收缩会叠加起来，形成锯齿状不完全强直收缩曲线；若进一步增加刺激频率，使后一次刺激落在前一次刺激引起的收缩期内，各次收缩叠加起来，形成一个光滑的完全强直收缩曲线。

【实验内容步骤】

（1）制作蛙的神经-肌肉标本，具体步骤参考实验一相关内容。

（2）将电源连接于电动记纹鼓下部的钢叉上，铜片通过接线柱与刺激电极相接。当鼓转动时引起钢叉转动，使鼓轴-钢叉-铜片装置启动。当电源接通后，产生的电刺激可作用于神经-肌肉标本，引起肌肉收缩而牵动记录笔，收缩曲线通过记录笔描记于电动记纹鼓上。

（3）将神经-肌肉标本安插于肌槽内固定，用丝线将肌腱端连接于记录笔末端，打结固定。调整好距离，把神经搭在电极上。调整电动记纹鼓转速，放置好记录笔。先将刺激方式旋钮调至连续刺激位置，再调整刺激强度分别为1次/s、2次/s、5次/s、10次/s、

15次/s。拉起控制弹簧按钮，在快速转动的电动记纹鼓上描绘出收缩曲线。

（4）根据不同刺激强度对应的收缩曲线，分析刺激坐骨神经对腓肠肌收缩形式的影响及其特征。

【注意事项】

（1）制作好神经-肌肉标本之后，将其保存于任氏液中备用。

（2）每次刺激后，标本应适当休息1~2min。

【数据记录表及处理】

表 2-32　神经 – 肌肉标本收缩曲线特征记录表

刺激强度	1 次 /s	2 次 /s	5 次 /s	10 次 /s	15 次 /s
收缩曲线特征					

【实验结论及问题讨论】

什么是单收缩？什么是不完全强直收缩？什么是完全强直收缩？三者各有什么特征？

实验三十二　摘除垂体动物的观察

【实验目的】

了解腺垂体的重要生理功能。

【实验仪器材料工具】

雄性大白鼠（体重相近）、常用手术器械、抽气泵、玻璃管、注射器、75%酒精、麻醉药、0.01%肾上腺素等。

【实验原理】

垂体呈椭圆形，位于颅中窝交叉前沟后方的垂体窝内，借漏斗连于下丘脑。根据其发生和结构特点可分为腺垂体和神经垂体两大部分。腺垂体是最重要的内分泌腺，具有分泌多种多肽激素的功能，对生长发育、新陈代谢等均有调节作用，并能通过下丘脑-腺垂体-甲状腺（肾上腺/性腺）轴影响某具体分泌腺（如甲状腺、肾上腺、性腺-睾丸/卵巢）的活动。通过摘除实验动物的垂体，可观察到甲状腺、肾上腺和性腺-睾丸/卵巢形态明显小于正常动物，说明垂体对动物机体具有重要作用。

【实验内容步骤】

（1）选择2只体重相近的大白鼠，分为实验组和对照组并分别进行标记。

（2）无菌手术摘除垂体。①将实验组大白鼠麻醉，腹面向上固定于板上，剪去大鼠颈部被毛，局部常规消毒。做颈正中切口并钝性分离浅筋膜及颌下腺，直到暴露出胸骨舌骨肌，固定创口。②由侧胸骨舌骨肌外侧缘向下、自内分离肌肉层，直到颅底正中线，找到枕骨峭；由枕骨峭向两侧剥离附着于枕骨上的肌肉，并向上延伸分离出枕蝶缝合；以枕骨峭与枕蝶缝合的交点为中心钻颅区。钻颅时用弯尖眼科镊子向头端拉咽后壁，一方面暴露钻颅区，另一方面保护咽后壁。调节钻颅针，针芯约长于针齿0.5mm，并将针芯固定于枕骨峭与枕蝶缝合的交点，垂直向下钻动，待感觉骨板钻通，阻力减弱时，立即拔出钻颅针。

（3）用小棉球蘸去钻孔的渗血，用带钩的长直针挑出或配合用直尖眼科镊子夹出外、内骨板，用三角针挑破垂体的脑膜，便可见粉红的垂体。使用连接到抽气泵的玻璃管吸出垂体。摘除垂体后，及时消毒整理，缝合术部。

（4）将实验组和对照组大白鼠置于相同的环境中进行饲喂。24天后，将两只大鼠采用颈椎脱臼法处死，比较两只实验大鼠的甲状腺、肾上腺和性腺-睾丸/卵巢的形态，记录结果并分析。

【注意事项】

若发现有出血情况，可使用蘸有0.01%肾上腺素的小棉球压迫止血。

【数据记录表及处理】

表 2-33　实验组和对照组观察情况记录表

	甲状腺形态	肾上腺形态	性腺-睾丸/卵巢形态
实验组			
对照组			

【实验结论及问题讨论】

（1）哺乳动物腺垂体分泌的激素有哪些？分别有什么生理作用？

（2）试述下丘脑-腺垂体-甲状腺（肾上腺/性腺）轴的调节机制。

实验三十三　促黑激素对蟾蜍皮肤颜色的影响

【实验目的】

了解促黑激素的生理作用。

【实验仪器材料工具】

黑眶蟾蜍、蛙手术器械、蛙板、广口玻璃瓶、研钵、注射器、纱布、橡皮筋、大头针、乙醚、生理盐水。

【实验原理】

促黑激素（melanophore-stimulating hor-mone，MSH），亦称垂体中叶激素，系从牛、猪、羊等的腺垂体中叶提取的α-MSH和β-MSH。α-MSH是由13个氨基酸残基组成的多肽，β-MSH是由18个氨基酸残基组成的多肽，α-MSH为上述三种动物共同所有的构造。根据动物种属的不同，其氨基酸的排列多少有些差异。人的β-MSH具有22个氨基酸残基。α-MSH、β-MSH和促肾上腺皮质激素（adreno corticotropic hormone，ACTH）的多肽链中有共同的甲硫-谷胺-组胺-苯丙胺-精胺-色胺-甘胺部分，ACTH也有与MSH相类似的生物学作用。

MSH的作用主要为激活酪氨酸酶，并促进酪氨酸酶合成，从而促进黑色素合成，使皮肤及毛发颜色加深。若将变温动物的脑垂体摘除，由于MSH的消失，黑色素细胞中的黑色素颗粒凝聚，结果身体的颜色变白，MSH对黑色素合成起着刺激作用。黑眶蟾蜍在我国分布很广，其背部呈深绿色或黄绿色，有不规则的黑斑纹和短纵脊，还有2条较宽长背侧纵褶。其表皮和真皮内均含有黑色素细胞，色素扩散就会使皮肤颜色变深，集中就会使皮肤颜色变浅，MSH能够使其皮肤黑色素细胞中的黑色素颗粒扩散，体色变黑，是用来观察MSH作用的好材料。

【实验内容与步骤】

（1）取2只大的黑眶蟾蜍，一只注射MSH，另一只注射生理盐水，进行对照。

（2）3~5min后观察注射MSH的蟾蜍背部皮肤是否逐渐由原来的深绿色转变成黑色，以及注射生理盐水的蟾蜍皮肤颜色是否有改变。

【数据记录表及处理】

表 2-34　蟾蜍皮肤颜色变化情况记录表

	注射 MSH	注射生理盐水
蟾蜍皮肤颜色		

【实验结论及问题讨论】

（1）促黑激素对两栖动物皮肤颜色有何生理作用？

（2）MSH对哺乳动物有何作用？

实验三十四　甲状腺素对能量代谢的影响

【实验目的】

了解甲状腺素对能量代谢的影响。

【实验仪器材料工具】

大白鼠、甲状腺素、1%戊巴比妥钠、生理盐水、注射器、鼠灌胃器、500mL广口瓶、耗氧量测量装置。

【实验原理】

甲状腺素是甲状腺腺泡上皮细胞所分泌的激素，可显著提高基础代谢，增加耗氧量。将灌服甲状腺激素或摘除甲状腺的动物置于密闭容器中，通过测定机体耗氧量，计算出小白鼠的能量代谢率，观察了解甲状腺素对机体能量代谢的影响。

【实验内容与步骤】

1. 实验准备

选6只体重相近的健康大白鼠，称重后分为3组，分别进行标记。

2. 实验分组

（1）切除甲状腺组，实验鼠用1%戊巴比妥钠腹腔注射麻醉，沿颈部正中线剪开小鼠颈部的皮肤；将颌下腺剪开上移，暴露甲状软骨和气管；用眼科剪小心剪开软骨腹面的肌肉和筋膜组织，将甲状软骨完全暴露，从软骨下插入一个眼科弯镊，将软骨和气管撑开、挑起；用手术剪从喉方向及气管方向两处剪断，并剥离两侧的甲状腺（含甲状旁腺），结扎止血后缝合颈部皮肤，等待麻醉小鼠苏醒。

（2）灌服甲状腺素组，实验鼠采用灌胃法，每日灌服5mg甲状腺激素制剂。

（3）正常对照组，每只鼠灌服相同量的生理盐水。

将3组实验鼠在相同环境下连续饲喂10天。

3. 能量代谢测定

将每只实验鼠分别放入500mL广口瓶中，密封后待实验鼠较安静时开始测量，观察记录鼠的活动及耗氧量。（具体实验内容与步骤参考实验二十"动物能量代谢的测定"）

【注意事项】

（1）实验室温度应保持在25℃左右，以保证实验结果的准确性。

（2）灌胃操作也可以用腹腔注射代替。

【数据记录表及处理】

表 2-35　实验动物情况记录表

	切除甲状腺组			灌服甲状腺素组			正常对照组		
实验动物序号	1	2	3	1	2	3	1	2	3
4min 内耗氧量									
消耗 10mL 氧所需的时间									
代谢率 kJ/（m² · h）									

【实验结论及问题讨论】

（1）甲状腺素有何生理功能？其对代谢率的影响及作用机制是什么？

（2）影响基础代谢和静止能量代谢率的因素有哪些？

实验三十五　摘除甲状旁腺动物的观察

【实验目的】

了解摘除器官的慢性实验方法。观察甲状旁腺的生理机能。

【实验仪器材料工具】

狗、手术台、常用外科手术器械、无菌手术创布、无菌衣帽、75%酒精棉球、5%碘酒、2%戊巴比妥钠、10%氯化钙溶液或10%葡萄糖酸钙溶液。

【实验原理】

家畜一般具有两对很小的甲状旁腺，位于甲状腺附近，呈圆形或椭圆形。甲状旁腺分泌的甲状旁腺激素是肽类激素，主要功能是影响体内钙与磷的代谢，一方面作用于骨细胞和破骨细胞，使骨盐溶解，动员骨钙，使血液中钙离子浓度增高；另一方面作用于肾脏：①促进肾小管对钙的重吸收；②促进肾小管内羟化酶的活性，使25-（OH）D_3转变成1，25-（OH）$_2D_3$，它能促进钙结合蛋白质的合成，从而促进小肠上皮细胞对钙离子的吸收，使血钙升高。动物机体在甲状旁腺激素和降钙素的共同调节下，维持着血钙的稳定。若甲状旁腺分泌功能低下，血钙浓度降低，出现肌肉抽搐症。

【实验内容与步骤】

1. 实验准备

严格按照外科手术要求进行所有器械的消毒灭菌工作，人员按照规定和程序进行手和前臂的清洗、消毒处理，穿戴无菌衣帽。

2. 手术

①将狗用2%戊巴比妥钠静脉注射麻醉，固定于手术台上，剃去颈部被毛，暴露手术视野用5%碘酒消毒2次，待碘酒干后用75%酒精棉球脱碘。皮肤消毒完毕后盖上无菌手术创布，并用创巾钳固定于皮肤上。②在咽喉下方沿正中线切开皮肤6~9cm，钝性分离左右两侧胸舌骨肌和胸头肌，在甲状软骨下方的气管两侧分离出甲状腺和甲状旁腺。③将分布于甲状腺的血管分离结扎，则散布其上的甲状旁腺也一并被摘除。④手术缝合（连续缝合颈前肌肉，结节缝合颈部皮肤），消毒、包扎好伤口，术后小心护理。

3. 实验观察

①观察狗出现肌肉抽搐的时间，并做好记录（一般术后24~28h就可出现肌肉轻度僵直、行动不稳，继而出现痉挛性收缩、呼吸增快，若继续发展可死亡）。②症状出现后静脉注射10%氯化钙溶液或10%葡萄糖酸钙溶液2~3mL，观察结果并记录。③可于术前和术后分别采血检测血钙、血磷浓度。

【注意事项】

（1）手术中注意止血。

（2）术后应饲喂无钙饲料。

（3）静脉注射钙剂时，量不宜过大。

【数据记录表及处理】

表 2-36　实验动物摘除甲状旁腺前后情况记录表

	肌肉	血钙浓度
摘除甲状旁腺前	正常 / 抽搐	
摘除甲状旁腺前	正常 / 抽搐	

【实验结论及问题讨论】

调节钙代谢的激素有哪些？其分别有什么作用？

实验三十六　摘除肾上腺动物的观察

【实验目的】

了解摘除器官的慢性实验方法。观察肾上腺的生理机能。

【实验仪器材料工具】

大白鼠或小白鼠、小动物解剖台、常用外科手术器械、乙醚、75%酒精、5%碘酒、清水、1%氯化钠溶液、1%氯化钾溶液、玻璃缸、无菌敷料、鼠笼等。

【实验原理】

肾上腺位于两侧肾脏的上方，故名肾上腺，分肾上腺皮质和肾上腺髓质两部分，周围部分是皮质，内部是髓质。肾上腺皮质较厚，位于表层，约占肾上腺的80%，从外往里可分为球状带、束状带和网状带三部分。球状带细胞分泌盐皮质激素（主要是醛固酮），参与水盐调节；束状带细胞分泌糖皮质激素（主要是皮质醇），调节糖等物质代谢，在抗炎症、抗过敏及应激反应过程中均有作用；网状带细胞主要分泌少量性激素，如脱氢雄酮和雌二醇，在生理情况下意义不大。髓质功能与交感神经类似。

应激反应是动物机体在恶劣条件下，遭受伤害性刺激所发生的全身性适应性反应和抵抗性变化的总称。正常情况下，肾上腺糖皮质激素和交感-肾上腺髓质系统共同参与机体对抗有害刺激的反应，增强应激能力。

【实验内容与步骤】

1. 实验动物分组和肾上腺摘除手术

（1）分组。取品种、性别相同，体重相近的大白鼠或小白鼠20只，随机分为4组，每组5只。第1~3组为摘除肾上腺组，第4组为正常对照组。

（2）肾上腺摘除手术。将大白鼠或小白鼠用乙醚麻醉后，俯卧固定于鼠解剖台上，剪去术部被毛，用5%碘酒消毒后，以75%酒精脱碘。于最后胸椎处向后，沿背正中线切开皮肤，切口长约3cm，用镊子夹住皮肤边缘，将切口牵向左侧，分离两侧肌肉，在左肋骨下缘将腹壁剪开约1cm的切口，扩创，暴露脂肪囊，找到肾脏，在肾脏的前内侧可发现粉黄色、绿豆大小的肾上腺。用弯头眼科镊轻轻摘除肾上腺，将肌肉缝合。然后用同样的方法摘除右侧肾上腺。最后缝合皮肤并消毒。

2. 实验项目

（1）盐皮质激素生理作用观察。①给予摘除肾上腺实验动物1%氯化钠溶液、1%氯化钾溶液和清水，观察摘除肾上腺动物是喜欢饮用1%氯化钠溶液、1%氯化钾溶液还是喜欢饮用清水，并记录。②将摘除肾上腺的实验动物分为3组，各组分别只给予1%氯化钠溶液、1%氯化钾溶液和清水，观察实验动物的活力。

（2）观察摘除肾上腺实验动物的应激反应。将摘除肾上腺和对照组大白鼠或小白鼠放在4℃的冰水中游泳，观察并记录溺水下沉时间。下沉后取出，比较恢复情况。

【注意事项】

（1）注意手术麻醉深度及无菌手术操作；术后护理要注意室温最好保持在20~25℃，单笼饲养，饲喂高热量、高蛋白饲料。

（2）给动物编号，以免混淆，可用苦味酸稀溶液涂抹编号。

【数据记录表及处理】

表 2-37　摘除肾上腺组动物与正常对照组动物观察记录表

	饮水观察			在4℃的冰水中游泳观察
	1% 氯化钾溶液	1% 氯化钠溶液	清水	溺水时间
摘除肾上腺组				长 / 短
正常对照组				长 / 短

【实验结论及问题讨论】

（1）通过实验观察，盐皮质激素有什么作用？为什么喂氯化钠溶液能延长肾上腺摘除动物的寿命？

（2）通过实验观察，为什么摘除肾上腺的大白鼠或小白鼠在4℃的冰水中游泳会很快溺亡？

实验三十七　胰岛素对血糖的影响

【实验目的】

通过构建胰岛素过量及缺乏实验动物模型来观察低血糖及高血糖症状，从而了解胰岛素对血糖的影响。

【实验仪器材料工具】

小白鼠、胰岛素、20%葡萄糖、0.9%氯化钠溶液、注射器、鼠笼等。

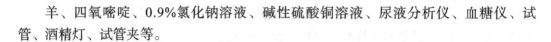

羊、四氧嘧啶、0.9%氯化钠溶液、碱性硫酸铜溶液、尿液分析仪、血糖仪、试管、酒精灯、试管夹等。

【实验原理】

血糖含量主要受激素的调节。胰岛素是由胰脏内的胰岛β细胞受内源性或外源性物质的刺激而分泌的一种蛋白质激素。胰岛素可使血糖水平降低，促进葡萄糖分解，促进糖转变为脂肪，促进肝糖原合成和肌糖原贮存。

【实验内容与步骤】

1.胰岛素过量引起的低血糖反应

（1）实验准备。选4只体重相近（约20g）的小白鼠，称重后分别编号，1只为对照组，3只为实验组，实验前禁食24h。

（2）实验项目。给3只实验鼠每只皮下注射1~2U胰岛素，对照组以相同方法注入等量0.9%氯化钠溶液。经1~2h，观察并记录各组有无不安、呼吸急促、痉挛甚至休克等低血糖反应。待实验组出现低血糖反应后，立即给实验组腹腔（或尾静脉）注射温热的20%葡萄糖1mL，对照组腹腔（或尾静脉）注射1mL 0.9%氯化钠溶液，观察并详细记录实验结果。

2.胰岛素缺乏引起的高血糖症状

（1）实验准备。选2只体重相近的羊，称重后分别编号，一只为对照组，另一只作实验组。将四氧嘧啶溶液［四氧嘧啶，即2，4，5，6（1H，3H）-嘧啶四酮，是嘧啶的一种含氧衍生物，在水溶液中以水合物形式存在。四氧嘧啶对胰岛的β细胞具有特殊的破坏作用］按照一定剂量进行稀释，备用。

（2）实验项目。羊站立保定，颈静脉采血测量血糖值记录数据。实验组羊颈静脉注射一定量的0.9%氯化钠溶液溶解稀释的四氧嘧啶溶液，对照组颈静脉注射相同量的0.9%氯化钠溶液。将2只羊在相同的条件下饲养，每天定时采血，测定血糖值，记录数据，观察实验组是否出现"三多一轻"（多饮、多食、多尿和体重减轻）症状。

第5天分别取2只羊的新鲜尿液于试管中，利用尿液分析仪，也可加入一定量的碱性硫酸铜溶液，以酒精灯外焰加热煮沸，观察2支试管溶液颜色变化，糖尿阳性反应则溶液颜色由绿色变为黄色，最终变为红棕色，糖尿阴性反应则溶液颜色不发生变化。

【注意事项】

（1）小白鼠在实验前必须禁食24h以上。

（2）当小白鼠低血糖反复出现惊厥时，应多次注射葡萄糖进行抢救。

（3）应选择年龄、体重相近的羊，于相同环境条件下进行饲养。

（4）测量血糖值应于每天同一时间进行。

【数据记录表及处理】

表2-38 两组鼠实验情况记录表

	低血糖反应		低血糖反应
实验组鼠		再注射20%葡萄糖溶液 1mL	
		再注射 1mL 生理盐水	
对照组鼠			

表2-39 两组羊实验情况记录表

	初始值	第1天	第2天	第3天	第4天	第5天	
	血糖浓度					糖尿（阴/阳性）	
实验组羊							
对照组羊							

【实验结论及问题讨论】

（1）胰岛素是如何调节血糖水平的？

（2）除胰岛素之外，还有哪些调节血糖的激素？其分别有什么生理功能？

实验三十八 雌激素和雄激素的作用观察

【实验目的】

通过观察雌激素和雄激素对实验动物的作用，了解性激素对动物机体的生理作用。

【实验仪器材料工具】

雌性小白鼠（体重相近）、载玻片、显微镜、棉签、手术器械、玻璃罩、注射器、鼠板、脱脂棉、己烯雌酚、瑞氏染色液或吉姆萨染色液、0.9%氯化钠溶液、蒸馏水、乙醚。

20~30日龄雄性雏鸡4只、卡尺、注射器、棉签、丙酸睾酮。

【实验原理】

卵巢卵泡分泌的雌激素的主要功能是促进雌性附性器官的发育和副性征的出现，使子宫黏膜内腺体及血管增生，增加输卵管和子宫平滑肌的收缩力，促进阴道上皮增生，使雌性动物生殖道出现发情症状，尤其可使雌性啮齿类动物的阴道黏膜发生比较典型的发情变化。

雄激素主要是由睾丸合成和分泌，其主要功能为刺激雄性附性器官，使其发育成熟，维持正常性欲，促进精子发育成熟，促进蛋白质的合成与骨骼肌的生长，使肌肉发达；抑制体内脂肪增加，刺激红细胞的生成和长骨的生长。对于禽类，鸡冠作为雄性的显著副性征，可用于雄性激素作用的实验观察。

【实验内容与步骤】

1.雌性激素对小鼠的生理作用观察

1）雌性激素对小鼠生殖道的影响

（1）选择1月龄雌性小白鼠2只，1只为实验鼠，皮下注射己烯雌酚10mg/天，连续2天；第2只为对照鼠，不予注射。随后连续观察小白鼠的外阴部是否出现发情症状。待实验鼠外阴部出现发情症状后，每日进行3次（早、中、晚）阴道黏液涂片，在显微镜下观察，直至发情间期。

（2）阴道涂片制作和镜检。左手拇指和食指捏住小白鼠背部皮肤，用小指固定住尾巴，将棉签用0.9%氯化钠溶液湿润后，插入阴道中，蘸取阴道内容物均匀地涂于载玻片上，即成阴道涂片。待其自然干燥后，用瑞氏染色液进行染色（滴上染色液，约3min后加等量蒸馏水，再染5~6min，用自来水小心冲洗即可），再在显微镜下观察阴道涂片的组织学变化，注意性周期各期特点。①发情前期：有较多脱落的有核上皮细胞，呈卵圆形，不含白细胞。②发情期：有很多无核的角化鳞状上皮细胞，细胞大而扁平，边缘不整齐，没有白细胞。③发情后期：有较多白细胞，角化上皮细胞减少，并再次出现有核上皮细胞。④发情间期：有较多白细胞和黏液。

2）雌性激素对小鼠生殖器官的影响

（1）另取3只小白鼠，其中2只为卵巢摘除实验鼠，1只为正常对照鼠。

（2）卵巢摘除手术：将小鼠置于玻璃罩中，放入蘸有乙醚的棉球，观察小鼠状态，待其进入麻醉状态后进行卵巢摘除手术。将小鼠侧卧放置于鼠板，术部除毛、消毒。在肋骨后缘横向切开1cm左右的开口，剪开腹膜，暴露一侧卵巢，用镊子夹住一侧卵巢下部进行摘除，对术部进行整理缝合、消毒。两侧都进行卵巢摘除后，等待小鼠苏醒。

（3）对于2只卵巢摘除实验鼠中的1只，每天腹腔注射一定量的己烯雌酚，而第2只卵巢摘除实验鼠和正常对照鼠不进行处理，所有小鼠放置于相同环境下进行饲养。

（4）7天后，采用颈椎脱臼法将3只小鼠处死，解剖后对比观察子宫、输卵管、阴门的状态，记录并分析结果。

2.雄性激素对鸡冠发育的作用观察

（1）选择20~30日龄品种、性别相同、体重相近的雏鸡2~4只，为实验组和对照组，并分别编号，做好标记，分别饲喂于2个鸡笼。测量并记录各鸡鸡冠的长度、高度、厚度，观察鸡冠色泽。

（2）实验组雏鸡每日皮下注射丙酸睾酮2.5~5mg，并用棉签蘸取丙酸睾酮均匀涂抹于鸡冠位置；对照组不进行处理。

（3）在相同的环境下饲养7~10天以后，分别再次测量实验组与对照组雏鸡鸡冠的长度、高度、厚度，并注意鸡冠色泽，记录结果。

【注意事项】

（1）小鼠阴道涂片制作时，干燥固定后再用染色液进行染色，冲洗染色液时避免垂直冲洗。

（2）卵巢摘除手术过程中，为防止小鼠苏醒，可将蘸有乙醚的酒精棉球放置于小鼠鼻端位置。

（3）实验组和对照组雏鸡的饲喂管理方式相同，实验条件应一致。

【数据记录表及处理】

表 2-40　雌性激素对小鼠生殖道的影响记录表

	注射雌激素	对照组
外阴部是否出现发情症状		
阴道涂片		

表 2-41　雌性激素对小鼠生殖器官的影响记录表

	摘除卵巢	摘除卵巢后注射雌激素	对照组
子宫			
输卵管			
阴门			

表 2-42　雄性激素对鸡冠发育作用观察记录表

	注射并涂抹雄激素	对照组
鸡冠的长度、高度、厚度		
鸡冠的颜色		
体格		

【实验结论及问题讨论】

（1）雌激素有何生理作用？

（2）雄激素有何生理作用？

实验三十九　孕马血清激素的作用

【实验目的】

了解母马妊娠时胎盘产生的促性腺激素的作用，运用生物测定激素的方法作妊娠诊断或确定孕马血清的促性腺激素活性。

【实验仪器材料工具】

雌性（性未成熟的）小白鼠（体重6~8g）、注射器、剪刀、镊子、棉签、载玻片、显微镜、孕马尿或血清（妊娠期42~100天）、0.9%氯化钠溶液、瑞氏染色液、放大镜等。

【实验原理】

孕马血清促性腺激素（pregnant mare serum gonadotropin，PMSG），也称为马绒毛膜促性腺激素，它是在怀孕母马血清中发现的一种激素，PMSG在血液中的出现、含量多少以及消失都有一定规律，这种规律与子宫内膜杯的出现、增长和消失是一致的。母马于妊娠第37~40天出现PMSG，第55~75天时分泌量达到高峰，以后下降，第120~150天消失；并已知PMSG在妊娠马属动物（驴、斑马等）血清中都有，所以有人称之为马绒毛膜促性腺激素（eCG）。

PMSG具有类似促卵泡素和黄体生成素的双重活性，但以促卵泡素的作用为主，因此有着明显的促卵泡发育的作用，同时有一定的促排卵和黄体形成的功能。对雄性动物具有促使精细管发育和性细胞分化的功能。PMSG是一种经济实用的促性腺激素，在生产上常用以代替较昂贵的促卵泡素而广泛应用于动物的诱发发情、超数排卵或提高排卵率（如提高双羔率）；其对卵巢发育不全或雄性生精能力衰退等也都可起到一定疗效。

检测马血清、尿中PMSG的存在是马妊娠诊断手段之一。

【实验内容与步骤】

1. 孕马血清的作用观察

（1）取雌性（性未成熟的）小白鼠6只，分为2组。实验组3只，皮下注射孕马血清0.5~1mL，另外3只为对照组。

（2）经76h后，观察阴户是否有变化。若阴户开张、红肿充血，则为阳性反应。用棉签取小鼠阴道分泌物，涂于洁净的载玻片上，将载玻片固定后用瑞氏染料进行染色，在显微镜下观察阴道上皮细胞形态。若为阳性反应，则阴道上皮细胞出现角质化。

（3）用颈椎脱臼法将实验组小白鼠处死，将小白鼠背位放置，沿腹中线解剖观察卵巢、输卵管和子宫的变化。若为阳性反应，卵巢充血、肿大、有成熟卵泡和黄体，输卵管和子宫都增大。记录观察结果。

2.孕马尿检测

（1）取小白鼠6只，其中3只每天分别皮下注射新鲜孕马尿0.2mL，连续5天；另外3只分别注射0.9%氯化钠溶液对照。

（2）从注射第4天起，开始逐日检查阴户或进行阴道涂片检查，观察有无发情症状。

（3）将小白鼠处死后，观察子宫是否肿大及充满分泌物。

如实验呈阳性反应，证明母马已妊娠。

【注意事项】

尿液标本应新鲜，取样期间应控制动物饮水量。

【数据记录表及处理】

表 2-43　孕马血清和尿的实验情况记录表

	孕马血清		孕马尿	
	皮下注射组	对照组	皮下注射组	对照组
阴户反应				
阴道涂片				
卵巢				
输卵管				
子宫				

【实验结论及问题讨论】

孕马血清有什么生理作用？如何应用？

实验四十　母畜的发情鉴定

【实验目的】

通过观察母牛、母羊、母猪发情时的外部表现（性兴奋）、阴道变化和性欲表现，掌握母畜外部观察法、试情法、阴道检查法、直肠检查法等发情鉴定方法，正确判断母畜的发情和排卵情况。

【实验仪器材料工具】

母牛、母羊、母猪、试情公畜、六柱栏或保定架、开膣器、手电筒、脸盆、毛巾、肥皂、消毒液。

【实验原理】

母畜发育一旦达到初情期，在性功能衰退以前，在生殖激素的调节下会表现出周期性的发情活动。从一次发情开始到下一次发情开始，或由一次排卵至下一次排卵的时间间隔，叫作发情周期，也叫性周期。发情时母畜会发生各种变化，包括母畜的精神兴奋、有求偶表现、生殖系统发生一系列的变化。母畜发情鉴定是指通过观察母畜外部表现、阴道变化和直肠触摸卵巢卵泡发育程度，来判定母畜是否发情和发情程度。发情鉴定的意义在于判定母畜是否发情、发情所处的阶段及排卵时间，从而准确确定母畜适时配种的时间，提高母畜的受胎率。

【实验内容与步骤】

1. 外部观察法

（1）母牛。发情时表现不安，哞叫。放牧时，通常吃草不安定而到处走动，明显的特征是接受其他母牛的爬跨，表现为拱腰站立不动；其他母牛常去嗅闻发情母牛的阴门，但发情母牛却从不去嗅闻其他母牛的阴门。食欲减退，乳量减少；尾巴不时摇摆和高举。阴道流出蛋清样黏液。

（2）母猪。发情表现在各种家畜中最为强烈，食欲剧减甚至废绝，在圈内闹圈、不停走动、碰撞、爬墙、拱地、啃嚼门闩，既爬跨其他母猪，也接受其他母猪爬跨，按压臀部时出现静立反射。

（3）母羊。发情时表现不安，不停摇尾，食欲减退，反刍停止，大叫，用手按压臀部，其摇尾更甚，放牧时常离群。这些发情表现，山羊比绵羊更加强烈。

2. 试情法

这是根据雌性动物在性欲及性行为上对雄性动物的反应判断其发情程度的方法，在马和绵羊上常用。用于试情的雄性动物常为结扎了输精管或实施了阴茎倒转术的公畜，根据母畜对公畜的反应，发情的动物通常愿意接近雄性，弓腰举尾，后肢开张，频频排尿，有接受交配的动作等，而不发情或发情结束的动物则表现为远离雄性，当雄性动物被牵引靠近时，其往往会出现躲避行为甚至踢、咬等抗拒行为。试情要定期进行，以便及时了解雌性动物的性欲表现程度。

3. 阴道检查法

（1）检查前的保定与准备。根据现场条件和习惯，利用绳索、三角绊或六柱栏保定母畜，并将尾毛理齐，拉向一侧前方。外阴部洗涤和消毒：先用清水或肥皂水、2%~3%苏打水等洗净外阴部，再用1%新洁尔灭溶液消毒，最后用消毒纱布或酒精棉球擦干。在洗净或消毒时，应先由阴门裂开始，逐渐向外扩大。开膛器消毒：用75%酒精棉球消毒开膛器内外面，或用火焰烧灼消毒，亦可用消毒液浸泡消毒，然后用40℃温开水冲去药液，在其湿润时使用。

（2）方法步骤。①用左手拇指和食指或中指开张阴门，以右手持开膛器把柄，使开膛器闭合，与阴门相适应，向前斜上方插入阴门，当开膛器的前1/3进入阴门后，即改成水平方向插入阴道，再慢慢旋转开膛器，使其把柄向下。②轻捏把柄，撑开阴道，用手电筒或反光镜照明，并迅速观察阴道。③观察阴道时应特别注意阴道黏膜的色泽及湿润程度，子宫颈部的颜色及形状，黏液的量、黏度和气味，以及子宫颈管是否开张及开张程度。

判断发情的依据：阴唇肥大，开膛器容易插入，阴道黏膜充血，光泽滑润。子宫颈口松软而开张，有黏液流出，可判定为母畜发情；阴门紧缩，有皱纹，插入开膛器时感觉干涩，阴道黏膜苍白，黏液量少且呈糊糊状，子宫颈口紧缩，可判定为母畜未发情。

4. 直肠检查法

（1）检查前的准备。①将被检母畜保定于六柱栏内，防止检查人员被踢伤。亦可用绳索保定。其方法是将绳索一端圈套系于被检母畜的颈部，然后使绳索通过后肢后飞节之上，另一端打活结拴系于颈部绳环上。对于执拗的母马，应将腹侧绳在腹下交织后，再拴系于颈部绳环上。②为避免肠胃中内容物太多而妨碍操作，事先应禁食半天，也可以临时用温水灌肠。③将被检母畜的尾巴推向一侧。对于马，应收拢尾根的长毛，搂向一侧。④检查者应将指甲剪短、磨光，将衣袖挽至肩关节处，在手臂上或戴上长臂手套后在手套上涂以润滑剂。

（2）检查方法。①检查者站在被检母牛的正后方，给母畜的肛门周围涂上润滑剂，检查者将五指并拢呈楔状，缓缓旋转插入肛门。②手伸入肛门后，当直肠内有蓄粪时，可用手指扩张肛门，使空气进入直肠，促使蓄粪排出；亦可手掌展平，少量而多次地将粪掏出；还可在母畜排粪时，将手掌在直肠内向前轻推，待粪便蓄积较多时，逐渐撤出手臂，促使蓄粪排尽。③掏取蓄粪后，应再次在手臂或长臂手套上涂以润滑剂，伸入直肠，探索欲检查的器官。④检查母牛时，手腕进入母牛肛门后先寻找子宫颈。其方法是手指向下轻压肠壁，摸到一个坚实、纵向的棒状物即为子宫颈，可试探用拇指、中指及无名指握住子宫颈。再沿子宫角的大弯向外侧下行，在子宫角尖端的外侧下方即可感触到椭圆形、柔软而有弹性的卵巢，然后触摸其形状和质地。在触摸过程中，如失去子宫角而不易摸到卵巢，应再从子宫颈开始，沿着子宫角触摸卵巢。

（3）直肠检查过程中几种情况的处理。①母畜强烈努责，将手臂向外排挤，此时切忌手臂用力硬推，否则会使肠壁穿孔。当母畜努责时，助手可用手指掐捏母畜腰部，或抚摸母畜阴蒂，或喂给饲料，待努责减弱或停止再进行直检。②肠壁持续收缩，紧套检查者手臂，致使手臂探摸无法自如，此时也可采用上述方法，促使肠壁停止收缩。③直肠壁变硬，向骨盆腔周围膨起呈坛状，此时可将手指聚拢呈锥状，缓缓向前推进，刺激结肠壁的蠕动后移，以促使直肠舒展变软。如果无效，则应耐心待其自行舒展，再行探摸触摸。

（4）直肠检查时应注意事项。①在严冬及早春季节操作时，注意防寒保暖。手臂如有伤口，应戴上长臂手套后再行直肠检查。②保定架后两柱之间，不可架横木，或拴系绳索，以免母畜滑倒下卧时导致手臂骨折或关节脱臼。③检查过程中，应全神贯注，注意安全，谨防母畜踢人，造成危险。④检查者不得用干涩手臂硬向母畜肛门内插入。在直肠内探摸时，只许使用指肚感觉，切不可用指甲乱抠。直肠壁上如有马蛀幼虫吸附，不可拉掉，以免直肠出血。⑤检查母马、母驴的左卵巢需要用右手，检查右卵巢则需要用左手。⑥在直肠内经久触摸不到时，应间隔一定时间查看手臂有无血迹，以便提早发现肠壁是否破损，及时医治处理。一旦发现肠壁有轻度破损，应停止直检。

【数据记录表及处理】

表 2-44　母畜发情情况观察记录表

畜号	品种	年龄	开始发情时间	观察时间	慕雄性	外阴部	子宫颈	黏液	备注

【实验结论及问题讨论】

什么叫性周期？母畜的发情鉴定有哪些方法？

【附】

1. 发情周期的分期

发情前期：黄体逐渐萎缩，是准备阶段，行为表现不明显。

发情期：卵泡迅速发育，发情表现明显。

发情后期：卵泡破裂排卵，形成黄体，母畜逐渐恢复正常。

间情期：黄体活动期，如未妊娠，持续一段时间后又回到发情前期。

外界因素如光照、饲料、温度，通过神经和内分泌系统影响发情周期。

2. 各种动物发情周期特点

母牛：平均周期21天（18~24天），发情明显，但有时发情不明显，黏液多，发情后有排血现象，产后35~50天出现发情。发情期18h，排卵在发情结束后8~12h，多排出1个卵子，黄体第10天最大，第12~14天退化，常不完全。

母猪：平均周期21天（17~24天），发情期2~3天，成年猪发情持续期比青年母猪长，排卵发生在开始后20~36h（结束前8h），排卵持续4~8h，常有出血卵泡（动脉充血渗入卵泡腔）。排卵后卵子保持受精能力8~12h，黄体第6~8天最大，第16天迅速退化。公猪射精后2~3h进入输卵管，存活10~20h。

母羊：季节性发情，多在秋季，产后多在下一个发情季节，平均周期绵羊17天（14~20天），山羊20天（18~23天），持续24~36h（绵羊）或26~42h（山羊），发情表现不明显，排卵在发情结束时，第6~8天黄体最大，第12~14天很快退化。

3. 发情周期的类型

（1）全年发情：发情无季节性，如猪、牛、湖羊、寒羊。

（2）季节性发情：只在一定季节才能发情，其他季节卵巢上既无卵泡，也无黄体。又分为季节性单次发情动物，如犬（春、秋）和季节性多次发情动物，如羊（春、秋，湖羊、寒羊除外）、马（3—7月）、骆驼（季节性多次发情）。

季节性发情动物的发情周期主要受季节因素（如光照）的调节，光照影响松果体激素的分泌，进而引起季节性发情。

实验四十一　便携式兽用B超仪对母畜卵巢、子宫的探测

【实验目的】

（1）了解便携式兽用B超仪各组成部分。

（2）掌握使用便携式兽用B超仪对母畜卵巢、子宫的探测方法。

（3）掌握母畜卵巢、子宫的扫描回声图像的认识和分析方法。

【实验仪器材料工具】

便携式兽用B超仪（DP-330Vet）、凸阵探头（35C50EB型，3.5MHz）、耦合剂（TM-100型）、U盘、健康母畜、剃毛刀、75%酒精棉球等。

 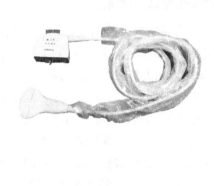

图 2-15　便携式兽用 B 超仪（DP-330Vet）　图 2-16　凸阵探头（35C50EB 型，3.5MHz）

【实验原理】

B超探测技术原理主要是超声波可在交界面上产生反射，声阻抗（即超声波在传播时，介质对它的阻力）相差越大，反射越强，所表现的光点就越大；界面越多，所表现的光点则越密。由于脏器与脏器之间、正常组织与病理组织之间、外膜与内部组织之间都形成了声阻抗，这种差异构成众多界面，形成亮暗不同、疏密不等、粗细不匀的多种多样的光点。通过这些光点的组合，即可获得组织形态结构的断面声像图。便携式兽用B超仪工作时，首先利用换能器（探头）将主控电路产生的同步触发脉冲信号转换成一定频率的超声波，当超声波在动物组织中传播，遇到不同声阻抗的临近介质界面时，在该界面上产生反射（回声），反射过来的回声信号被换能器接收，将其转换成高频电信号，然后经过信号放大器放大和处理，最后通过显示系统以波形、声音或灰阶等形式显示出来。

B超显像法具有快速、直观、准确、无损伤等特点，在临床应用方面，B超可以清晰地显示各脏器及周围器官的各种断面像，由于图像富于实体感，接近于解剖的真实结构，所以B超探测技术常被应用于疾病早期诊断、监测动物妊娠状态、显示子宫以及羊水、胎儿，卵巢的黄体、卵泡发育及病变等情况，已成为兽医临床诊断的重要技术。

【实验内容与步骤】

1. 便携式兽用 B 超仪对母牛子宫和卵巢的探测

1）保定

在没有任何工具的情况下徒手也可以对母牛进行保定，但是在疾病检查和治疗时，应用一根长绳拴在牛角根部，然后用此绳把角根捆绑于木桩或树上来进行保定。为防止断角，可再用绳从臀部绕躯体一周后拴到桩上加以固定，母牛呈站立姿态。

2）准备

（1）将便携式兽用B超仪与凸阵探头、U盘等设备连接，打开电源，调试B超检测参数，确保图像清晰度，等待检测。

（2）动物保定后，首先用酒精棉球清除探查部位泥土、粪便等污物，然后用剪毛剪剪去此部位被毛，以酒精棉球擦去残留被毛，最后将耦合剂（TM-100型）均匀涂抹于探测部位。

3）探测

（1）子宫探测方法。用凸阵探头做体表探查，选择牛腹股沟部作为探查部位，该部位被毛少，可以在不剪毛的情况下施行探查，但需要注意探查手法和探头方向，不可做滑行探查，只做扇形探查，进行横切面与纵切面对比观察。在声像图上应以充盈的膀胱作为定位参照物，探查前禁饲24h，以避免充气肠管的干扰，将耦合剂（TM-100型）涂抹在腹股沟部位，用探头把其均匀涂抹开，以便更好地传导和接收数据，更清晰地观察出子宫的位置和形态。

（2）卵巢探测方法。首先将便携式兽用B超仪探头置于牛下腹部左右，后胁部前的乳房上部，从最后一对乳腺的后上方开始探测，直至探测到牦牛的卵巢后，保存典型图像。然后在B超模式下观察牦牛卵巢形状大小及其卵泡、黄体发育情况。最后用便携式兽用B超仪中的测量软件，测量出卵巢、卵泡的大小、体积和厚度等相应数据，并拷贝到U盘，做进一步分析。

2.B超仪对母羊子宫和卵巢的探测

1）保定

母羊一般取自然站立姿势，助手在旁扶持，保持安静即可，或助手用两腿夹住母羊颈部保定，或采用简易的保定架保定。侧卧保定可稍稍提早诊断日期和提高诊断准确率，但对于大群母羊，使用不方便。B超探查早期妊娠，取侧卧、仰卧或站立姿势均可。

2）探测部位和方法

腹壁探查，妊娠早期在乳房两侧和乳房直前的少毛区，或两乳房的间隔部位进行。妊娠中后期可在右侧腹壁进行探查。在少毛区探查不需要剪毛，在侧腹壁探查需要剪毛，在直肠内探查需要保定。

检查者蹲于羊体一侧，局部或探头涂布耦合剂后，将探头紧贴皮肤，朝向盆腔入口方向，进行定点扇形探查。从乳房自前向后，从乳房两侧向中间，或从乳房中间向两侧探查均可。妊娠早期胎囊不大，胚胎很小，需要慢扫细查才能探到。检查者也可蹲于羊的臀后，手持探头从羊两后肢中间伸向乳房进行探查。若奶山羊乳房过大，或侧腹壁被毛过长，影响看清探查部位，可由助手提起探查一侧的后肢，暴露探查部位，但不必剪毛。

直肠内探查，探查前需要对羊进行站立保定，并掏出直肠内蓄积的粪便，然后将消过毒的带柄直肠探头伸入直肠，进入深度约15cm，越过液性的膀胱暗区，并向两侧转45°进行探查。探头进入后，先在耻骨前沿找到膀胱，然后伸入，在膀胱的前下方两侧旋转探头进行探查。探查时主要观察左、右侧子宫角及卵巢，并选定典型的图像存储或者照片存储。

3.B超仪对母猪子宫和卵巢的探测

1）保定

母猪一般不需要保定，只要保持安静即可。姿势以侧卧最好，爬卧、站立或采食时均可。规模化养猪时，可在限饲栏内进行。直肠内探查时，母猪则需站立保定。

2）探测部位

体外探查一般在下腹部左右，后肋部前的乳房上部，从最后一对乳腺的后上方开始，随妊娠增进，探查部位逐渐前移，最后可达肋骨后端。猪被毛稀少，探查时不必剪毛，但要保持探查部位的清洁。刮除泥土和污物，探查时涂布耦合剂。直肠内探查时，需要保定，不需要耦合剂，可用消毒水湿润探头。

3）探测方法

体外探查时，探头紧贴腹壁，妊娠早期探查，探头朝向耻骨前缘，骨盆腔入口方向，或呈45°斜向对侧上方，探头紧贴皮肤，进行前后和上下的定点扇形探查，切勿通过皮肤滑动探头快速扫查。

【注意事项】

（1）操作前，必须确认所有电源、探头连接正确。

（2）注意操作环境要保持干燥。动物B超的使用环境要是过于潮湿，会造成测量效果不准、成像不稳定等。因此，在对动物进行B超探查时，应选择干燥的环境。

（3）不得将探头浸入液体中进行消毒，探头是不防水的，否则会影响探头的安全特性。

【数据记录表及处理】

表 2-45　被检动物实验情况记录表

动物编号	左侧卵巢大卵泡数	卵泡平均直径（左）	右侧卵巢大卵泡数	卵泡平均直径（右）	子宫前后径

【实验结论及问题讨论】

B超检测的原理是什么？

实验四十二　精子品质的测定

【实验目的】

通过对精子活力的测定，了解精子的品质，掌握精子活力测定的方法；测定精子的氧消耗强度，了解精子代谢情况。

【实验仪器材料工具】

牛、羊、猪、兔等的新鲜精液，以及0.9%氯化钠溶液、显微镜、载玻片、盖玻片、玻璃棒、亚甲蓝、1%氯化氢溶液、毛细玻璃管、培养皿、恒温箱、容量瓶（100mL）、烧杯、刻度试管、滴管、计时器、白纸。

【实验原理】

精子活力主要是指精子的运动情况，精子的运动分为直线运动、旋转运动和振摆运动，评定精子活力主要指标为直线运动的精子数量占精子总数的比例。

精子的代谢情况反映精子的品质，而精子的呼吸强度是其代谢强度的重要指标。精子在呼吸过程中，消耗精液中的氧，使亚甲蓝还原褪色，精子的呼吸强度与亚甲蓝褪色时间成反比。因此亚甲蓝褪色时间反映精子的呼吸强度。亚甲蓝褪色是由于精子脱氢酶脱去糖原上的氢离子，在无氧条件下，氢离子与亚甲蓝结合成无色的甲烯白。精子呼吸强度按10个精子在37℃条件下1h内的耗氧量计算。

【实验内容与步骤】

1. 精子活力的测定

（1）用玻璃棒蘸取新鲜精液或用0.9%氯化钠溶液稀释的精液，滴在载玻片上，加上盖玻片，中间不要有气泡，在暗视野下进行观察。

（2）在显微镜下观察精子的密度，区分精子的3种不同运动方式——直线运动、旋转运动和振摆运动。

（3）统计直线运动的精子数量，其与精子总数的比值即为精子的活力。

2. 精子呼吸强度的测定

（1）亚甲蓝溶液配制。称取亚甲蓝100mg，溶解于100mL的1%氯化钠溶液中，然后置于容量瓶内保存3天，再用1%氯化钠溶液稀释10倍。

（2）用滴管取亚甲蓝溶液与精液各1滴，滴于载玻片上。混匀后，同时吸入两段毛细玻璃管中，将其分别放入培养皿，其中一个放置于温室，另一个放置于37℃的恒温箱中，在培养皿下衬一张白纸以方便观察，记录和比较亚甲蓝褪色时间。

【注意事项】

（1）采集的新鲜精子保持在37℃左右的环境温度中进行测定。

（2）进行精子活力测定时，盖玻片与载玻片之间不能有气泡，显微镜的载物台不能倾斜。

（3）进行精子呼吸强度测定时，用玻璃毛细管吸取精液的过程中要防止气泡进入。

【实验结论及问题讨论】

（1）为什么以直线运动的精子占精子总数的比例为精子活力测定的指标？

（2）精子呼吸强度测定的原理是什么？

第三章　综合性实验与实习

实验一　促性腺激素的作用及对卵细胞的观察

【实验目的】

熟悉常用仪器的使用方法，在全面观察动物正常生理状况的基础上，重点观察雌性动物发情周期的变化，以及促性腺激素对其排卵的影响。分组完成促性腺激素对卵泡的发育和排卵作用相关实验，并观察卵细胞的结构。要熟练掌握动物麻醉、手术操作、卵细胞冲洗、显微镜下观察卵细胞等技能。

【实验仪器材料工具】

未孕成年母兔、手术台、常用手术器械、注射器、生理盐水、表面皿、立体显微镜、盖玻片、促卵泡素、黄体生成素、孕马血清、绒毛膜促性腺激素。

【实验原理】

性成熟后雌性动物的发情周期主要受下丘脑-腺垂体-卵巢轴及性激素反馈调节，腺垂体分泌两种促性腺激素：促卵泡素和黄体生成素。前者能刺激卵巢中卵泡的生长发育，并与黄体生成素协同，促进卵泡的成熟和排卵，排卵后卵泡被血液充满，成为红体，短暂红体后变为黄体，最后为白体。孕马血清是一种经济实用的促性腺激素，在生产上常用以代替较昂贵的促卵泡素而广泛应用；绒毛膜促性腺激素是人胎盘的滋养层细胞分泌的一种糖蛋白，受精后7~9天就可以检测到，孕早期增加很快，约48h增加1倍，第8~10周达到高峰，检测其含量可进行早期妊娠诊断，绒毛膜促性腺激素具有促卵泡素和黄体生成素的功能，临床主要用于促进排卵和黄体发育。

【实验内容与步骤】

1. 分组处理

取未发情、未孕成年母兔2只，以其中1只为实验兔，第2只为对照兔。根据购买的药物情况，选择处理方法。

（1）促卵泡素+黄体生成素法。对试验组母兔于手术前48h肌肉注射促卵泡素20~30IU/L，再于术前24h注射促卵泡素30~40IU/L和黄体生成素30~40IU/L，而对照组母兔注射等量生理盐水或不注射，以进行对照。（表3-1）

表3-1　促卵泡素＋黄体生成素法处理

	第1天 11：00	第2天 11：00 （离上次注射24h）	第3天 11：00 （离最后注射24h）
实验兔	肌内注射 促卵泡素 20~30IU/L	肌内注射 促卵泡素 30~40IU/L	剖检观察排卵情况 和生殖器官状态
		肌内注射 黄体生成素 30~40IU/L	
对照兔	注射等量生理盐水或不注射	注射等量生理盐水或不注射	

（2）孕马血清+绒毛膜促性腺激素法。对试验组母兔皮下注射或肌注孕马血清130IU/L，72h后注射绒毛膜促性腺激素130IU/L，14~16h后剖检观察排卵情况和生殖器官状态，而对照组母兔注射等量生理盐水或不注射，以进行对照。（表3-2）

表3-2　孕马血清＋绒毛膜促性腺激素法处理

	第1天 21：00	第4天 21：00 （离上次注射72h）	第5天 12：00 （离最后注射14~16h）
实验兔	皮下／肌内注射 孕马血清 130IU/L	耳静脉／肌内注射 绒毛膜促性腺激素 130IU/L	剖检观察排卵情况 和生殖器官状态
对照兔	注射等量生理盐水或不注射	注射等量生理盐水或不注射	

2. 饲喂及观察

（1）剖解前每日按时饲喂动物，并注意不得饲喂冰冻或带露水的青饲料，同时打扫好动物房卫生。

（2）准时注射促卵泡素和黄体生成素，或孕马血清和绒毛膜促性腺激素，并每日仔细观察动物发情情况。

3. 剖检观察

（1）将2组兔均麻醉，并仰卧固定于手术台上。在腹部剪毛、消毒，沿腹正中线自耻骨前缘2~3cm处向后切开腹壁，找出卵巢、输卵管和子宫。观察兔卵巢上成熟卵泡、红体的数量，以及输卵管和子宫有无充血及肿胀。

表 3-3　兔解剖后情况记录表

		实验组兔	对照组兔
成熟卵泡数量	左		
	右		
红体数量	左		
	右		
输卵管和子宫有无充血及肿胀			

（2）在输卵管伞部下方承接一个表面皿，用取有38℃生理盐水的注射器自输卵管与子宫交界处向卵巢方向刺入，然后将其中的生理盐水缓缓注入，迫使输卵管中的卵细胞由伞部冲出，落于承接的表面皿中。

（3）将表面皿中的冲洗液置于载玻片上，在立体显微镜下观察其中有无卵细胞。当见到有放射冠碎片时，可在其附近找到卵细胞。兔卵细胞的直径约为0.12mm。然后，仔细观察兔卵细胞的结构。

（4）将与卵巢、输卵管和子宫有关的血管全部结扎，然后将其一并摘除，放入盛有生理盐水的表面皿内，观察并比较2组兔卵巢上成熟卵泡、红体、黄体的数目，以及输卵管和子宫有无充血及肿胀。再讨论这些差别出现的原因。

【注意事项】

（1）实验期间要饲喂、管理好实验动物，防止生病，按时注射药物。

（2）冲洗用的生理盐水不宜过多，且必须全部回收至表面皿中，以防卵子流失。

（3）显微镜使用完毕要仔细擦拭，以免液体残留。

【实验结论及问题讨论】

（1）促卵泡素和黄体生成素的生理作用是什么？

（2）孕马血清和绒毛膜促性腺激素的来源如何？临床上有哪些应用？

（3）下丘脑-腺垂体-卵巢轴的调节机制如何？

实验二　关于缺氧条件下动物系列生理指标的测定

【实验目的】

根据现有的实验室仪器设备以及所学的相关知识、已有的条件和能力，为不同供氧条件下的动物设计一份较为全面的体检方案，并加以实施，写出体检报告，分析其机能调节的适应性。

【实验仪器材料工具】

牛、羊、兔、鱼、狗、猫，每项指标测定涉及的仪器材料工具、每项指标涉及的药品参考前面第二章相关实验。

【实验内容与步骤】

分别叙述各项指标的测定步骤与方法（具体步骤参考前面第二章相关实验）。

【实验结论及问题讨论】

（1）根据以上检测结果对检测动物的生理状态进行综合判断，并说明判断依据。

（2）影响检测结果的主客观因素有哪些？总结后形成个人建议。

第四章　研究性创新实验

第一节　研究性创新实验概述

一、开展研究性创新实验的目的

通过研究性创新实验，了解科学研究的基本要求与一般程序，经历一次科学研究素质训练，探索并建立以问题和课题为核心的教学模式，倡导以学生为主体的创新性实验改革，调动学生的主动性、积极性和创造性，激发学生的创新思维和创新意识，逐渐掌握发现问题、思考问题、分析问题、解决问题的方法，提高其创新能力和实践能力。通过开展研究性创新实验，使广大学生在大学阶段得到科学研究与创造发明的训练，改变高等教育培养过程中实践教学环节薄弱、学生动手能力不强的现状，改变灌输式的教学方法，推广研究性学习和个性化培养的教学方式，形成创新教育的氛围，建设创新文化，进一步推动高等教育教学改革，提高教学质量。

二、研究性创新实验的组织与实施

（一）实施原则

（1）兴趣原则。参与计划的学生要对科学研究或创造发明有浓厚兴趣，在兴趣驱动和导师指导下完成实验过程。

（2）自主原则。参与计划的学生要自主设计实验，自主完成实验，自主管理实验。

（3）过程原则。注重创新性实验项目的实施过程，强调项目实施过程中学生在创新思维和创新实践方面的收获。

（二）相关要求

（1）学生参与项目一定要出于对科学研究或创造发明的浓厚兴趣，发挥主动学习的积极性。

（2）学生是项目的主体。每个项目都要配备导师，但导师只是起辅导作用，参与项目的学生个人或创新团队，在导师指导下，一定要自主进行选题设计，自主组织实施，独立撰写实验研究报告。

（3）学生项目选题要适合。项目选题要求思路新颖、目标明确、具有创新性和探索性，学生要对研究方案及技术路线进行可行性分析，并在实施过程中不断调整优化。

（4）参与项目的学生要合理使用项目经费，要遵守学校财务管理制度。

（5）参与项目的学生要处理好学习基础知识和基本技能与创新性实验和创造发明的关系。

（三）基本原则

（1）科学性。必须有充分的科学依据，以已有或自己的实验为基础，不是随意设想。

（2）严谨性。实验设计合理，要设置对照组，使实验结果有可比性。

（3）一致性。实验条件必须保持前后一致，实验过程中不能随意变动。

（4）可重复性。实验必须有足够的重复次数，以便进行统计处理。

（5）观察项目的选择。围绕所选课题的研究目的，选择观察项目。

（四）内容及要求

进行任何一项科学实验，在实验前必须制订一个科学的、全面的实验计划，以便使该项研究工作能够顺利开展，从而保证试验任务的完成。实验计划的内容一般应包括以下几个方面：

（1）课题选择。科研课题的选择是整个研究工作的第一步。课题选择正确，此项研究工作就有了很好的开端。研究人员自选课题时，首先应该明确为什么要进行这项科学研究，也就是说，应明确研究的目的是什么、要解决什么问题，以及在科研和生产中的作用、效果如何等。选择课题时应注意实用性、先进性、创新性、可行性，尤其是可行性方面，要考虑无论是主观条件方面还是客观条件方面，都要能保证研究课题的顺利进行。一般情况下，学生根据实验课中所积累的资料，自己提出课题或根据指导教师提出的实验课题进行选择。

（2）研究依据、内容及预期达到的技术指标。课题确定后，通过查阅国内外有关文献资料，阐明项目的研究意义和应用前景，国内外在该领域的研究概况、水平和发展趋势，理论依据、特色与创新之处。详细说明项目的具体研究内容和重点解决的问题，以及取得成果后的应用推广计划、预期达到的经济技术指标及预期的技术水平等。

（3）实验方案和实验设计方法。实验方案是全部实验工作的核心部分，主要包括研究的因素、水平的确定等。学生的实验方案可通过查阅有关文献资料，根据已掌握的生理学理论知识，结合实验室现有条件，制订实验设计方案并交教师审阅。

（4）供实验的动物的数量及要求。实验动物或实验对象选择正确与否，直接关系到实验结果的正确与否。因此，实验动物应力求均匀一致，尽量避免不同品种、不同年龄、不同胎次、不同性别等差异对实验的影响。

（5）实验记录的项目与要求。为了收集分析结果时需要的各个方面的资料，应事先以表格的形式列出需要观测的指标与要求。

（6）实验结果分析。实验结束后，要对各阶段取得的资料进行整理与分析，所以应明确采用统计分析的方法，如t检验，方差分析、回归与相关分析等。每一种试验设计都有相应的统计分析方法，统计方法应用不恰当，就不能获得正确的结论。

（7）已具备的条件和研究进度安排。已具备的条件主要包括研究工作基础或预试情况、现有的主要仪器设备、研究技术人员及协作条件、已得到的经费情况等。研究进度安排可根据实验的不同内容按日期、分阶段进行安排，定期写出总结报告。

（8）实验所需的条件。除已具备的条件外，还应明确尚需的条件，如经费、饲料、仪器设备的数量和要求等。

（9）研究人员分工。一般分为主持人、主研人、参加人。

（10）试验的时间、地点和工作人员。试验的时间、地点要安排合理，工作人员要固定，并参加一定培训，以保证实验正常进行。

（11）成果鉴定及撰写学术论文。个人选择课题可以撰写学术论文，发表自己的研究成果，根据试验结果做出理论分析，阐明事物的内在规律，并提出自己的见解和新的学术观点。一些重要的个人研究成果，也可以申请相关部门鉴定和国家专利。

第二节　细胞实验基本操作要求

一、进入细胞间的注意事项

（1）进入细胞间前，要在缓冲间内换穿细胞实验室专用白大褂、拖鞋（要定期清洗消毒）或鞋套，戴上手套。

（2）打开实验室风机。

（3）打开实验用超净工作台紫外线灯照射30min。

（4）所有需从细胞间外带入的器械（包括高压灭菌烘干的枪头盒、聚乙烯塑料管等）要放入传递柜内，打开紫外灯照射30min。

（5）人员离开30min，因为紫外线照射对人员有伤害。

（6）细胞间在实验期间需定期维护：每晚打开细胞间紫外灯照射10~12h，第2天清晨关闭紫外灯；每周对其内水浴锅换水，对桌面、地面等进行清扫，用消毒液擦拭消毒。

（7）细胞间内备齐细胞培养相关仪器设备（倒置显微镜、体视显微镜、离心机、培养箱、无菌操作台、水浴锅），勿与非无菌室器械混用。

（8）细胞间内备齐细胞培养相关耗材（一次性培养皿、15mL离心管、50mL离心管），每次实验使用前在无菌操作台紫外灯下照30min以上备用。

（9）无菌室内备齐细胞培养相关常用试剂、75%酒精等，以免试验过程中外出寻找。

二、超净工作台的使用和维护

1.超净工作台的使用

（1）使用超净工作台时，先用经过清洁液浸泡的纱布擦拭台面，然后用消毒剂擦拭消毒。

（2）接通电源，提前30min打开紫外灯照射消毒，处理净化工作区内工作台表面积累的微生物，30min后，关闭紫外灯，先开启风机，再开玻璃门及白光灯（防微生物光致活）。

（3）工作台上，不要存放不必要的物品，以保持工作区内的洁净气流不受干扰。

（4）操作前，用清洁剂及75%酒精将台面擦拭消毒。

（5）点亮酒精灯，50cm范围内无菌，在此范围内操作。

（6）操作结束后，清理工作台面，收集废弃物，用清洁剂及75%酒精擦拭消毒，关闭风机、玻璃门及照明开关，开紫外灯消毒30min。

2.超净工作台的维护

（1）每2个月用风速计测量1次工作区平均风速，如发现不符合技术标准，应调节调压器手柄，改变风机输入电压，使工作台处于最佳状况。

（2）每个月进行1次维护检查，并填写维护记录。

三、其他

（1）倒置显微镜使用完毕后要将光源调到最小，用毕离开细胞间前要关掉电源。

（2）细胞培养基提前配好50mL或15mL，用前37℃预热，热完外壁用75%酒精消毒并擦拭干，放入超净工作台，用前瓶口过酒精灯火焰，拧松再过一次酒精灯火焰；用毕再过一次酒精灯火焰，拧紧盖子，缠封口膜。

（3）血清冻存，用前提前解冻，4℃15mL约需1天解冻，500mL所需时间更长，千万勿放入37℃水浴锅内解冻，防止失效。

（4）开关细胞培养箱时禁止说话，以防污染。

实验一 牦牛小肠上皮细胞原代分离培养

【实验目的】

掌握牦牛小肠上皮细胞原代分离培养的方法。

【实验仪器材料工具】

灭菌手术剪、2%双抗磷酸盐缓冲液、冰盒、灭菌15mL和50mL离心管、水浴锅、培养皿、眼科剪、眼科镊、二氧化碳培养箱、水浴锅、1%双抗杜氏磷酸盐缓冲液、DMEM培养液、0.05%胰酶-乙二胺四乙酸溶液、移液器、1mL蓝吸头、200μL黄吸头、倒置显微镜、超净工作台、离心机。

【实验原理】

将牦牛小肠组织从机体中取出，经机械方法或酶消化方法处理，将牦牛小肠上皮组织分散成约1mm³的组织团块或细胞，置于合适的培养基中培养，使细胞得以生存、生长和繁殖，这一过程称为原代培养。本实验利用组织块培养方法进行牦牛小肠上皮细胞的培养。

【实验内容与步骤】

1. 牦牛小肠上皮细胞样品的采集与分离

（1）样品采集。利用灭菌手术剪剪取牦牛十二指肠/空肠/回肠肠段3~4cm，用2%双抗磷酸盐缓冲液冲洗干净，立即放入含2%双抗磷酸盐缓冲液于50mL离心管中，并在离心管标注样品名称日期，置于冰盒中，2h内带至实验室。注意要提前将2%双抗分装好，使用时将双抗加入磷酸盐缓冲液中。

（2）样品分离。进行细胞分离实验前，将实验物品置于超净工作台，打开紫外灯照射30min。同时打开水浴锅，37℃温育2%双抗磷酸盐缓冲液。消毒后，将采集的肠段取出，置于无菌培养皿中，放入含有2%双抗磷酸盐缓冲液中冲洗至液体澄清。剔除肠系膜及脂肪组织，转移至无菌普通培养皿中，清洗数次，直至液体澄清。纵向剪开肠管，继续清洗除去肠内容物，至液体澄清。将肠组织浆膜层和肌层剪除后，将肠上皮黏膜层组织充分剪碎（小于1mm³），转移至50mL离心管中，并用移液枪反复吹打后，静置1~2min，4℃1000r/min离心3~5min，如此反复清洗、吹打组织块至上清液澄清，吸弃上清液后，转移至37℃含1%双抗杜氏磷酸盐缓冲液的15mL离心管中。

2. 牦牛小肠上皮细胞的培养

（1）进行细胞培养实验前，将准备带入细胞间物品置于传递窗，打开传递窗和超

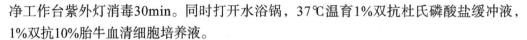

净工作台紫外灯消毒30min。同时打开水浴锅，37℃温育1%双抗杜氏磷酸盐缓冲液、1%双抗10%胎牛血清细胞培养液。

（2）在超净工作台内，用含1%双抗杜氏磷酸盐缓冲液将组织块洗涤3~5次后，将牦牛小肠上皮组织块种植于细胞培养皿中。在种植组织块之前，需向细胞培养皿中加入适量培养液，使组织块贴在细胞培养皿底部，避免组织块漂浮。12h后观察细胞状态，当组织块周围游离出大量目标细胞后，将组织块移出细胞培养皿，添加细胞培养液。第1天每12h更换培养液1次，之后每48h更换培养液1次。

3. 牦牛小肠上皮细胞的纯化与传代

在倒置显微镜下观察，小肠上皮细胞分布处呈铺路石状。待细胞长至平皿80%~90%左右，进行传代。①平皿略倾斜，将细胞培养液全部吸弃，用杜氏缓冲液轻轻洗2~3遍后，加入0.05%胰酶-乙二胺四乙酸溶液进行消化；②在倒置显微镜下观察，待大部分细胞变圆时，立即使用1%双抗10%胎牛血清细胞培养液终止消化，并转至15mL离心管，1000r/min离心4min，吸弃上清液；③加入1~2mL细胞培养液重悬，1000r/min离心4min，吸弃上清液，重复1~2次；④加入1~2mL细胞培养液重悬，吸取10μL细胞悬液稀释后进行细胞计数，计数参照红细胞计数法，根据计数结果，将细胞悬液等分，分别种植于新的细胞培养皿中；⑤向新的细胞培养皿中加入细胞培养基，上下左右若干次-顺时针逆时针若干次-上下左右若干次，再镜检是否混匀，然后放入培养箱培养；⑥整理物品，试剂根据保存温度放置。喷涂酒精，擦拭超净工作台台面，紫外线照射消毒30min。

4. 牦牛小肠上皮细胞的鉴定

在牦牛小肠上皮细胞分离培养过程中，常夹杂着成纤维细胞，因此需要对培养的细胞进行鉴定。角蛋白是上皮细胞骨架中的标志性蛋白，常用于上皮细胞的鉴定，如利用免疫组织化学方法对角蛋白5、角蛋白18等进行鉴定。此外，小肠上皮细胞中的成纤维细胞膜表面能够表达波形蛋白和α-平滑肌肌动蛋白，上皮细胞不能表达波形蛋白和α-平滑肌肌动蛋白，而E-钙黏蛋白、肠肽酶和碱性磷酸酶为肠上皮细胞特异性表达。因此可提取细胞总核糖核酸（RNA），检测核糖核酸（RNA）纯度后反转录为互补脱氧核糖核酸（cDNA），以cDNA为模板进行聚合酶链式（PCR）扩增，对波形蛋白、E-钙黏蛋白等基因表达水平进行检测。

5. 常用试剂配比

表4-1　细胞培养基配比

	50mL 离心管	15mL 离心管
（终浓度1%）青链霉素溶液	0.5mL	0.15mL
（终浓度10%）胎牛血清	5.0mL	1.50mL
杜尔贝科改良伊格尔培养基（DMEM）	44.5mL（加至50mL）	13.35mL（加至15mL）

表 4-2 2%双抗磷酸盐缓冲液配制

	成分	分量
1000mL 磷酸盐缓冲液	氯化钠	8.00g
	氯化钾	0.20g
	磷酸氢二钠	1.15g
	磷酸二氢钾	0.20g
	去离子水	定容至 1000mL
双抗	青霉素	0.06g（80 万 U/瓶）
	链霉素	0.10g（80 万 U/瓶）

【注意事项】

（1）肠段采集后，要尽快回到实验室进行实验，避免小肠上皮细胞大量死亡。

（2）在磷酸盐缓冲液中剥离肠系膜要尽可能快，保持磷酸盐缓冲液的温度；避免渗透压改变，影响细胞活性；要尽可能剔除肠系膜，并冲洗干净，避免污染。

（3）当上皮细胞与成纤维细胞夹杂生长，此时不易用刮除法进行纯化，可通过相差消化法等其他方法进行纯化。

（4）在细胞培养过程中，避免反复观察，防止影响细胞贴壁，要严格进行无菌操作，防止细胞污染。

【数据记录表及处理】

表 4-3 被检耗牛细胞状态和细胞鉴定情况记录表

培养/处理时间	6h	24h	48h	……
细胞状态				
细胞鉴定				

【实验结论及问题讨论】

（1）胎牛血清使用时，为什么要4℃解冻？

（2）在细胞培养过程中，培养液为什么会出现变黄的现象？此时该如何处理细胞？

第三节　常用分子实验

实验二　常用分子实验仪器的识别

【实验目的】

识别常用分子实验仪器。

【实验仪器材料工具】

电子天平、磁力搅拌器、高压锅、移液枪、高速冷冻离心机、PCR迷你离心机、涡旋振荡器、PCR扩增仪、电泳仪及电泳槽、凝胶成像仪、纯水仪、制冰机。

【实验内容与步骤】

依次识别以下14种分子实验用的各种仪器（图4-1）。

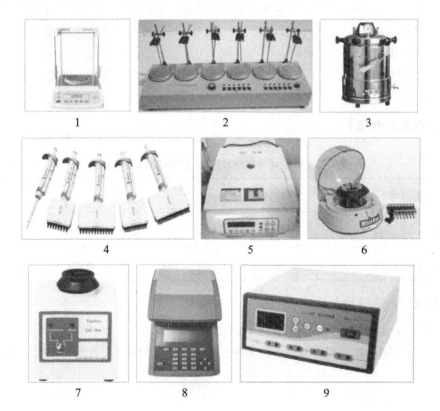

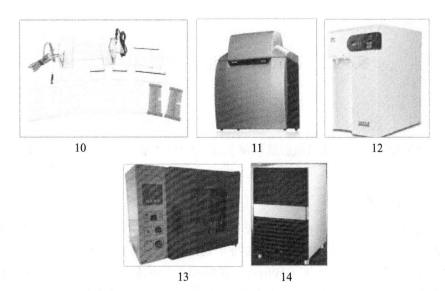

1—电子天平；2—磁力搅拌器；3—手提式高压锅；4—移液枪；5—高速冷冻离心机；6—PCR迷你离心机；7—涡旋振荡器；8—PCR仪；9—电泳仪；10—电泳槽；11—凝胶成像仪；12—纯水仪；13—干燥箱；14-制冰机

图 4-1　常用分子实验仪器

【注意事项】

（1）严格按照仪器说明书进行使用和操作，第一次使用时务必请熟悉操作方法的人在旁指导。

（2）仪器使用前或使用完毕，必须进行使用记录登记。

（3）仪器出现故障时，应及时向负责人汇报。

（4）仪器使用完毕，须及时断电，避免发生意外事故。

【数据记录表及处理】

表 4-4　分子实验仪器使用情况记录表

日期编号	实验项目及内容	使用时间	使用人	备注

【实验结论及问题讨论】

常见分子实验仪器有哪些？使用时各有什么需要注意的事项？

实验三 动物血液和组织基因组 DNA 提取

【实验目的】

掌握动物血液或组织基因组脱氧核糖核酸（DNA）氯仿-酚抽提法和试剂盒法提取的方法。

【实验仪器材料工具】

新鲜或冷冻的动物组织或全血、无菌手术刀/手术剪、研钵、1.5mL和2mL离心管、生理盐水、三羟甲基氨基甲烷盐酸盐（Tris-HCL）（100mL，1mol/L，pH值为8）、乙二胺四乙酸（EDTA）（100mL，0.5mol/L，pH值为8）、三羟甲基甲胺基乙磺酸（TES）缓冲液、10%十二烷基硫酸钠（SDS）、蛋白酶K（20mg/mL）、RNA酶、Tris-饱和酚、氯仿、异戊醇、TE（Tris+EDTA）缓冲液、高速冷冻离心机、NanoDrop2000超微量分光光度计、双蒸水、移液枪、黄蓝白枪头各1盆。

【实验原理】

真核细胞生物的DNA主要存在于细胞核内，为获得完整的基因组DNA，需要用研钵和SDS对组织或细胞进行研磨和裂解，并利用苯酚和氯仿使蛋白质变性，用酚、氯仿和异戊醇混合液反复抽提，使蛋白质变性后，离心除去变性蛋白质，并利用乙醇沉淀DNA，从而得到纯净的DNA分子。

【实验内容与步骤】

（一）氯仿-酚抽提法

（1）样本准备。①吸取动物全血0.5~1mL，放入1.5mL离心管中，3000r/min离心5min，吸弃上层清液，适量生理盐水重悬，离心5min，吸弃上层清液，适量三蒸水重悬，离心5min，吸弃上层清液。②新鲜或冷冻组织块解冻，用生理盐水洗去血污，取约0.5g（黄豆样大小）组织，放入1.5mL离心管中，用剪刀反复剪碎或置于组织匀浆机研磨。剪完前一个样品后，用双蒸水将镊子、剪刀洗净，擦干，以75%酒精消毒。

（2）每管中加入400μLTE缓冲液、5μL蛋白酶K（20mg/mL）及40μL10%SDS充分混匀后，于45~56℃恒温中孵育2~6h，经常转动，至管中无组织块为止。

（3）放置到室温，加入等体积饱和酚（445μL），盖紧盖上下颠倒混匀15~20min后，4℃12000r/min离心10min，分离水相和有机相，小心吸取上层清液（该层含核酸的水相）到一个新的1.5mL离心管中。

（4）加入等体积Tris-饱和酚、氯仿、异戊醇（25：24：1），盖紧盖上下颠倒混匀15~20min后，4℃12000r/min离心10min，吸取上层清液到新的1.5mL离心管中。

（5）加入200μL氯仿，盖紧盖上下颠倒混匀20min，4℃12000r/m离心10min，取上层清液到一个新的1.5mL离心管。

（6）加入2倍体积的-20℃预冷的无水乙醇沉淀DNA，轻轻上下摇动15~20min，有白色絮状沉淀漂于溶液中即为DNA，4℃12000r/min离心20min，吸弃上层清液，留沉淀。

（7）加入1000μL-20℃保存的70%乙醇反复吹打洗涤，12000r/min离心15min，去乙醇。

（8）将带有沉淀的1.5mL离心管放入通风橱30~40min（管内无小滴即干），也可室温下自然干燥（不要太干，否则DNA不易溶解），有时可以下垫消毒烘干的卫生纸，将离心管口对其轻轻倒置，以加快干燥速度。

（9）每个样品加入150~200μL（或适量，具体依DNA的多少而定）TE缓冲液后置室温溶解DNA，-20℃保存备用。

【相关试剂配制方法】

（1）Tris-HCL（100mL，1mol/L，pH值为8）配制方法：80mL三蒸水，12.11g固体Tris放入烧杯中溶解，用盐酸调至pH值为8，转移到100mL容量瓶中，加入三蒸水定容，摇匀后，转到100mL蓝盖丝口瓶中，贴上标签，高压灭菌后，4℃保存备用。

（2）EDTA（100mL，0.5mol/L，pH值为8）配制方法：将18.61g的乙二胺四乙酸二钠水合物（EDTA·Na$_2$·2H$_2$O），2g的氢氧化钠溶解于80mL超纯水，在磁力搅拌器上加热搅拌溶解，完全溶解后定容至100mL，贴上标签，高压灭菌后，4℃保存备用。

（3）10%SDS（20mg/mL）配制方法：将2gSDS溶解于20mL超纯水，68℃加热溶解，用浓盐酸调至pH值为7.2，摇匀后，转到蓝盖丝口瓶中，贴上标签，高压灭菌后，4℃保存备用。

（4）蛋白酶K（100mL，20mg/mL）：称取20mg蛋白酶K粉末，加入1mL蒸馏水溶解；或称取2g蛋白酶K溶解于100mL无菌三蒸水中，分装后-20℃保存备用。

（5）Tris-饱和酚：氯仿：异戊醇=25：24：1（100mL）：按25：24：1的比例加入酚、氯仿、异戊醇，至100mL棕色瓶中，4℃保存备用。

（6）70%乙醇：量取70mL无水乙醇，加入30mL灭菌超纯水，4℃保存备用。

（7）TE缓冲液（50mL，pH值为8）配制方法：将0.5mL1mol/L Tris-HCL（pH值为8）、100μL0.5mol/L EDTA（pH值为8）加入50mL的容量瓶中，加超纯水调pH值为8定容至50mL，摇匀后，转到蓝盖丝口瓶中，贴上标签，高压灭菌后，4℃保存备用。

（二）动物组织／细胞DNA提取试剂盒法（D1700-100，索莱宝）

（1）样品处理。①细胞：取10^6~10^{7}个悬浮培养细胞，12000r/min离心1min，收集细胞，贴壁细胞先用胰蛋白酶消化处理，再用预冷的磷酸盐缓冲液吹打成细胞悬液，然后12000r/min离心1min，收集细胞，尽量除去上层清液，加200μL溶液A，振荡至彻底混匀。②组织：组织量不宜过大，一般不要超过25mg，可以使用匀浆器匀浆，最好用液氮研磨成粉末状，再用预冷的磷酸盐缓冲液或无菌水充分悬浮，然后12000r/min离心1min，收集细胞，尽量除去上层清液，加200μL溶液A，振荡至彻底混匀。

（2）向悬浮液中加入20μL的核糖核酸酶A（RNaseA）（10mg/mL），55℃放置15min。

（3）加入20μL的蛋白酶K（10mg/mL），充分颠倒混匀，55℃水浴消化，细胞消化时间较短，组织消化时间较长，一般需要1~3h才能完成（鼠尾需要消化过夜）。消化期间可颠倒离心管混匀数次，直至样品消化完全为止。消化完全的指标是液体黏稠并略微透明。

（4）加入200μL体积溶液B，充分颠倒混匀，如出现白色沉淀，可放置于75℃，15~30min，沉淀即会消失，不影响后续实验。如溶液未变清亮，说明样品消化不彻底，可能导致提取的DNA量少及不纯，还有可能堵塞吸附柱。

（5）加入200μL无水乙醇，充分混匀，此时可能会出现絮状沉淀，不影响DNA的提取，可将溶液和絮状沉淀都加入吸附柱中。

（6）12000r/min离心1min，吸弃废液，将吸附柱放入收集管中。

（7）向吸附柱中加入600μL漂洗液（使用前请先检查是否已加入无水乙醇），12000r/min离心1min，吸弃废液，将吸附柱放入收集管中。

（8）向吸附柱中加入600μL漂洗液，12000r/min离心1min，吸弃废液，将吸附柱放入收集管中。

（9）12000r/min离心2min，将吸附柱敞口置于室温或50℃温箱放置数分钟，目的是将吸附柱中残余的漂洗液去除，否则漂洗液中的乙醇会影响后续的实验如酶切、PCR等。

（10）将吸附柱放入一个干净的离心管中，向吸附膜中央悬空滴加50~200μL经65℃水浴预热的洗脱液，室温放置5min，12000r/min离心2min。

（11）可将离心所得洗脱液再加入吸附柱中，12000r/min离心2min，即可得到高质量的基因组DNA。

（三）DNA 浓度测定

提取组织样或血样中的DNA之后，用紫外分光光度法测定DNA的含量及纯度，核酸（DNA和RNA）的紫外吸收高峰在260nm处，光密度（OD）值为1相当于大约50μg/mL双链DNA，蛋白质对紫外光吸收的高峰在280nm处，因此样品OD_{260}/OD_{280}应为1.8左右，酚对紫外光吸收的高峰在270nm处，因此OD_{260}/OD_{270}应为1.2左右，表示提取的DNA浓度较高、质量好，若纯度不好，可用氯仿-酚抽提法重新提取。NanoDrop2000

超微量分光光度计操作流程：

（1）打开电脑中NanoDrop2000超微量分光光度计软件，选择"NucLeic Acid"（核酸）。（图4-2）

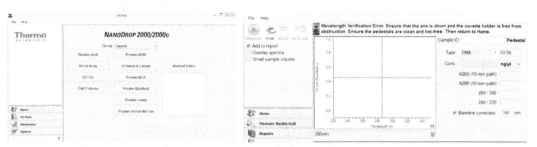

图4-2 NanoDrop2000超微量分光光度计软件界面

（2）抬起样品臂，将双蒸水（ddH$_2$O）加在检测基座上，放下样品臂，注意要轻放，然后点"BLank"（空格）校正。（图4-3）

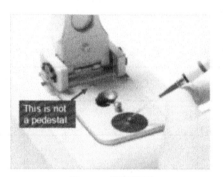

图4-3 样品校正

（3）用擦镜纸擦拭上下检测基座，在下基座孔加1μL核酸样品，点击"Measure"（测量）按钮进行检测。（图4-4）

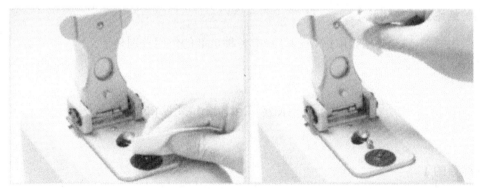

图4-4 擦拭上下检测基座

（4）检测完成后，在下基座孔加1μL ddH$_2$O，用检测臂轻轻来回碰触下检测基座，之后用擦镜纸擦拭上下检测基座，重复3~5遍。

（5）结果分析：DNA OD_{260}/OD_{280} 比值应为1.7~2，处于1.8~1.9表明DNA纯度较高，小于1.7表明有酚或蛋白质污染，须重新抽提，大于2表明DNA发生降解。由于 $1OD_{260}$ 的DNA浓度约为50μg/mL，还可根据公式对DNA浓度进行计算，如下：

1g新鲜组织DNA含量=OD_{260}×50×溶解体积/组织鲜重（μg DNA/g）

【注意事项】

（1）材料处理时间不宜过长。

（2）吸取上层清液时，注意不要吸起中间的蛋白质层。

（3）离心后，不要晃动离心管，避免激起沉淀。

（4）防止和抑制内源脱氧核糖核酸酶（DNase）对DNA的降解。

（5）使用NanoDrop2000超微量分光光度计进行DNA浓度检测后，立即使用拭镜纸擦拭检测台面3~5次。

（6）不可使用NanoDrop2000超微量分光光度计对有腐蚀性的样品进行检测。

【数据记录表及处理】

表4-5 实验样品指标测定情况记录表

	OD_{260}/OD_{280} 值	DNA 浓度
样品 1		
样品 2		
样品 3		
均值		

【实验结论及问题讨论】

采用氯仿-酚抽提法提取DNA的过程中各种试剂的作用分别是什么？

实验四 TRIzol®Reagent 提取 RNA

【实验目的】

掌握TRIzol®Reagent提取RNA的方法。

【实验仪器材料工具】

氯仿、异丙醇、75%乙醇［用焦硫酸二乙酯处理水（DEPC处理水）配制］、无

RNA酶水（RNase-free water）或者DEPC处理水［DEPC处理水的配制——双蒸水与DEPC（Cat.E174，Amresco）体积比为1000∶1（如100mL瓶内装40mL双蒸水，加40μLDEPC），37℃过夜，送至高压］、TRIzol®Reagent（Cat.15596-026或15596-018，Invitrogen）、高速冷冻离心机、DEPC处理过的枪头和离心管等。

【实验原理】

TRIzol®Reagent（Cat.15596-026或15596-018，Invitrogen）是提取人、动物、植物、酵母或细菌高质量总RNA（或DNA和蛋白）的试剂。它主要由酚、异硫氰酸胍及其他促进不同种类RNA分离的组分组成。TRIzol®Reagent在样本均质化过程中破坏细胞及分解细胞组分时，能通过高效抑制核糖核酸酶（RNase）活性来维持RNA的完整性。

【实验内容与步骤】

1. 前期准备

将所有器械用DEPC处理水浸泡处理，再高压灭菌烘干备用，提取RNA前还需将枪头、离心管、移液枪置于超净工作台以紫外线照射至少30min；若要提取组织，需用到匀浆器或研钵，均需180℃高温至少4h再使用。为避免RNA被外源RNase降解，实验操作前需穿戴白大褂、手套、口罩、帽子、袖套等，并且操作过程中除取样和离心外，均需在超净工作台中完成。

2. 样本均质化

（1）根据样本类型来决定，具体操作方法见表4-6。样本情况和实验结果记录见表4-7。

表 4-6　RNA 提取操作方法和得量

样本	操作方法	RNA 得量
组织	50~100mg 组织 /mL TRIzol，用匀浆器或研钵碾碎	不同组织 RNA 量不尽相同，7~100μg（即用 50μL DEPC 处理水溶解，浓度在 150~2000ng/μL）
贴壁细胞（单层）	将培养基移除后直接加 TRIzol，用枪头吹打混匀裂解细胞（35mm 培养皿 /mL TRIzol；60mm 培养皿 /3mL TRIzol；100mm 培养皿 /8mL TRIzol）	35mm 培养皿能得到 80~140μg（即用 50μL DEPC 处理水溶解，浓度在 1600~2800ng/μL）
悬浮细胞	离心收取细胞，0.25mL 样本 /0.75mL TRIzol［动物、植物或酵母（0.5~1）×10^7 个细胞；细菌 10^7 个细胞］，枪头吹打混匀裂解	—

注：如果 RNA 量很少，可加入 4~8μL 核酸助沉剂［Acryl Carrier（Bioteke，Cat. RT2001）］/mL TRIzol。

表 4-7　样本情况和实验结果记录表

样品	数量	RNA 得量	DNA 得量
上皮细胞	10^6 个细胞	8~15μg	—
成纤维细胞	10^6 个细胞	5~7μg	5~7μg
哺乳动物细胞	10^6 个细胞	—	5~7μg
骨骼肌或脑	1mg	1~1.5μg	2~3μg
胎盘	1mg	1~4μg	2~3μg
肝脏	1mg	6~10μg	3~4μg
肾	1mg	3~4μg	3~4μg

数据引自 TRIzol®Reagent（Cat.15596-026或15596-018，Invitrogen）；样品放入TRIzol后可以存放至-80℃冰箱，一般可以存放1年以上，要注意避免反复冻融。取出后在冰上解冻，如果直接37℃水浴，会破坏RNA的结构。

（2）4℃12000r/min离心10min，弃沉淀，将上层清液移入一个新1.5mL离心管中［沉淀中包括细胞外基质（ECM）、多糖及高分子量的DNA，上层清液中则包含RNA，而在高脂样本中，在上层清液之上有一层油脂］。

（3）如果继续操作，则直接进入下一步骤（分相）；如果暂时不用，可直接置于室温几小时或置于-80℃保存1年。

3. 分相

（1）将均质样本以室温静置5min，使核蛋白质复合物分离。

（2）加200μL氯仿（三氯甲烷，国产）（1mL TRIzol处理样本），盖上盖子，手剧烈摇动15s后室温静置2~3min。

（3）4℃12000r/min离心15min（离心后液体分为3层：上层水相包含RNA；中间层；下层有机层包含DNA和蛋白）。

（4）小心将上层水相移入一个新1.5mL离心管中，避免吸到中间层及下层有机层（如果吸到中间层及下层有机层，可重复该步骤）。

4.RNA 沉淀

（1）加0.5mL 100%异丙醇（国产）（1mL TRIzol处理样本），室温下静置10min。
（2）4℃12000r/min离心10min。

5.RNA 漂洗

（1）吸弃上层清液，用1mL 75%乙醇（国产）漂洗（1mLTRIzol处理样本）（RNA在75%乙醇中于-20℃至少可以保存1年，于4℃至少可以保存1周）。
（2）短暂涡旋样本，然后在4℃7500r/min离心5min，吸弃上层清液。

（3）室温风干5~10min（不要使RNA过于干燥，这样会降低RNA溶解度，而部分溶解的RNA样本$A_{260}/A_{280}<1.6$）。

6.RNA 重悬

（1）用黄枪头吸20~50μL无RNA酶水将RNA重悬，吹打混匀。

（2）置于-80℃温度下保存。

7.RNA 浓度及纯度测定

（1）在超净台中取1μL待检测的RNA，再取1μL DEPC处理水作为空对照，分别装入200μL进口离心管中。先用1μL DEPC处理水作为染色液，再测定待测RNA OD值。至于纯度，A_{260}为核酸最高吸收峰的吸收波长；A_{280}为蛋白最高吸收峰的吸收波长；A_{230}则为碳水化合物最高吸收峰的吸收波长。RNA的A_{260}/A_{280}值为1.8~2；A_{260}/A_{230}值高于2说明纯度较高。若A_{260}/A_{280}值低于1.8，说明可能有蛋白或酚污染；若A_{260}/A_{230}值低于2则可能有碳水化合物或盐离子污染。

（2）用琼脂糖凝胶来确定RNA质量。完美的RNA应该是3条带：28s、18s、5.8s。28s和18s比较亮，而且28s亮度是18s的两倍，最好是2.7：1；5.8s基本很模糊，可有可无，如图4-5所示。

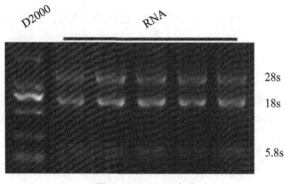

图 4-5　总 RNA 电泳

【数据记录表及处理】

表 4-8　样品检测结果记录表

	RNA 浓度	琼脂糖凝胶检测结果
样品 1		
样品 2		

【实验结论及问题讨论】

提取RNA时有什么重要注意事项？

【附】

RNA提取简易操作方法：

（1）加1mLTrizol匀浆组织（50~100mg）（若为细胞，吹打混匀即可；若样品很少，可加4~8μL核酸助沉剂），室温静置5min后，4℃12000r/min离心10min。

（2）将上层清液转移至新试管中，加200μL氯仿，手动振荡15s，室温静置2~3min，4℃12000r/min离心15min（若吸到中间层或下层有机层，可重复该步骤）。

（3）小心将上层水相转移至新试管中，加500μL异丙醇沉淀RNA，室温静置10min，4℃12000r/min离心10min。

（4）吸弃上层清液，加1mL 75%乙醇漂洗，4℃7500r/min离心5min。

（5）室温风干5min，用20~50μL 无RNA酶水溶解，取1μL测浓度，1μL跑胶，其余-80℃冷冻保存。

实验五　PCR 实验

【实验目的】

掌握聚合酶链式反应（PCR）的原理；掌握PCR引物设计的基本原则；掌握PCR的基本操作技术。

【实验仪器材料工具】

PCR扩增仪、漩涡振荡器、PCR迷你离心机、移液枪、PCR管架、离心管架；高压灭菌消毒的PCR管（即100μL离心管）、蓝枪头（1000μL）、黄枪头（200μL）、白枪头（100μL）、眼科剪、眼科镊、双蒸水、液状石蜡、冰盒、不同来源的模板DNA、PCR 反应体系预混液、上下游引物、一次性口罩、一次性手套等。

【实验原理】

PCR技术是于20世纪80年代建立的，该技术可在体外将目标DNA片段扩增放大数百万倍，由于其操作简单、特异性高的特点，已经渗透到生命科学研究的各个领域。动物生理学研究中也离不开该技术。

PCR的基本原理类似于细胞内的DNA复制过程，其特异性扩增依赖于设计的引物（与目的片段两端互补的一段核苷酸）（图4-6）。PCR过程如下：①模板DNA的变性，模板DNA经加热至94℃左右一定时间后，使模板DNA双链或经PCR扩增形成的双链DNA解离为单链；②模板DNA与引物的退火（复性），模板DNA经加热变性成单链后，温度降至55℃左右，引物与模板DNA单链的互补序列配对结合；③引物的延伸，DNA模板-引物结合物形成后在72℃左右，以脱氧核苷三磷酸（dNTP）为反应原料，在

*Taq*DNA聚合酶的作用下，靶序列为模板，按碱基互补配对与半保留复制原理，合成一条新的与模板DNA链互补的子链。重复循环上述变性、退火、延伸的过程，就可获得更多的"半保留复制链"，而且这种新链又可成为下次循环的模板。每完成一个循环需2~4min，2~3h就能将目标DNA片段扩增放大数百万倍。

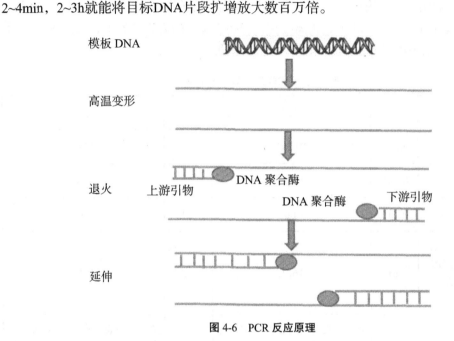

图4-6 PCR反应原理

【实验内容与步骤】

（1）引物准备。①引物设计与合成：可使用Primer Primier5软件进行引物设计，引物设计需要遵循以下原则——引物长度为20bp左右，扩增产物长度在80~150bp为最佳；产物避免形成二级结构；引物与扩增产物G+C含量在40%~60%；引物与扩增产物碱基要随机分布，避免长的（>4）单碱基重复；引物自身不能有连续4个碱基以上的互补；引物之间不能有连续4个碱基以上的互补；引物（3'，5'-磷酸二酯键）5'端可以修饰；引物3'端不可修饰。引物设计好后发给生物公司，由其合成相应上下游引物。②引物的稀释与分装：收到生物公司合成的引物一般用高压灭菌的双蒸水稀释浓度为100μM的溶液备用，例如某上游引物公司合成为4.6nmol/OD，则加双蒸水460μL进行溶解稀释；下游引物为4.21nmol/OD，则加双蒸水421μL进行溶解稀释。稀释步骤：先离心，后加水，再在涡旋振荡器上混匀，再离心-混匀若干次后分装20~50μL至PCR管或1.5mL离心管内，方便近期使用，近期不用的稀释引物存于–20℃冰箱保存，防止污染和反复冻融失效。

（2）器材准备。①模板DNA：从动物组织或血液提取DNA或提取组织或细胞RNA后反转录为cDNA，一般置于–20℃冰箱保存，注意模板DNA反复冻融易失效。②PCR反应体系预混液（从生物公司购买，含dNTP、*Taq*DNA聚合酶、镁离子、缓冲液等，一般生物公司通过扩增片段大小进行了最优配比），置于–20℃冰箱保存，注意反复冻融易失效。③其他器材需要高压烘干处理后备用，因为核苷酸片段在121℃下30min可被降解，防止实验中其他DNA分子污染。

（3）根据实验量，用镊子夹取若干个100μL离心管（即PCR小管）于PCR管架上，同时根据需要选择夹取1.5mL或2mL离心管置于相应型号的离心管架上，按照表4-9所示程序，在离心管内中，配制20μL或10μL反应体系预混液。

表 4-9　PCR 反应体系预混液

	1×	4×	1×	3×
双蒸水	4.8μL	19.2μL	4μL	12μL
稀释的上游引物	0.4μL	1.6μL	2μL	6μL
稀释的下游引物	0.4μL	1.6μL	2μL	6μL
PCR 反应体系预混液（内有 *Tap*DNA 聚合酶、镁离子、dNTP）	4μL	16μL	10μL	30μL
模板 DNA	0.4μL	离心 - 震荡 - 离心若干次，充分混匀后分装到 4 个 PCR 管内，每管 9.6μL，之后每管加 0.4μL 模板 DNA	2μL	离心 - 震荡 - 离心若干次，充分混匀后分装到 3 个 PCR 管内，每管 18μL，之后每管加 2μL 模板 DNA
总体系	10μL	每管 10μL	20μL	每管 20μL

（4）将配制好10μL或20μL体系预混液的各个PCR管用眼科镊或用手（戴一次性手套）盖紧盖子，置于PCR迷你离心机，离心5~30s，再取出置于漩涡振荡器上间歇性振荡混匀，再短暂离心，可重复此离心-震荡-离心步骤若干次，以充分混匀。

（5）将充分混匀的PCR管最后离心完毕，往各PCR管中加入1~2滴3~5μL高压灭菌处理过的液状石蜡（防止反应液高温蒸发），再离心10~15s，准备上机（PCR扩增仪）。

（6）将PCR小管放入PCR扩增仪上，按照下列条件设置：

94℃×5min（预变性）

变性94℃×30s

退火60℃×30s　　共35~48个循环（cycle）

延伸72℃×30s

72℃×10min（保温延伸）

4℃×∞

ABI 2720 PCR扩增仪的使用为例：将PCR仪开机，然后按F2键，会弹出温度时间调节页面，按上、下、左、右键调好各种温度和时间，等调好之后，按F1键完成，仪器便开始工作了。

（7）PCR结束后，尽快将PCR产物置于−4℃冰箱短时保存或−20℃冰箱长期保存。

（8）取0.5~4μL PCR产物于聚丙烯酰胺（PAGE）凝胶或4~10μL PCR产物于琼脂糖凝胶电泳检测是否与引物设计的预期扩增片段大小一致以及是否有非目的带（杂带）。若没有扩增出目的带或后续实验要求无杂带，而试验各种退火温度、各种反应液浓度、延伸的时间等都无法消除杂带时，只能重新设计并合成引物。

【注意事项】

退火及延伸的温度和时间应根据不同的样品采取不同设定。

【实验结论及问题讨论】

（1）如果出现非特异带，可能有哪些原因？

（2）PCR分子污染主要来自哪里？应该怎样减少污染？

实验六　PCR 产物核酸电泳检测

【实验目的】

学习和掌握PCR产物核酸电泳检测方法及基本原理。

【实验仪器材料工具】

电泳仪，水平电泳槽，垂直电泳槽，电子天平，凝胶成像系统，微波炉，移液器，烧杯，量筒，三角锥形瓶，去离子水，10μL、200μL、1000μL吸头等，5×TBE电泳缓冲液，琼脂糖，6倍上样缓冲液（6×Loading Buffer），无毒核酸染料（4S Green Plus），DNA Marker，丙烯酰胺，N,N-亚甲基双丙烯酰胺，30%丙烯酰胺，10%过硫酸铵，丙三醇（甘油），四甲基乙二胺（TEMED）。

【实验原理】

在生理条件下，核酸分子中的磷酸基团呈现离子化状态带负电荷，当这些核酸分子处于一定电场强度下，其会向正极方向迁移。不同的DNA片段，其分子量大小及空间构型不同，在恒定电场中的泳动速率不同。此外，凝胶的分辨能力同凝胶的类型和浓度有关。琼脂糖凝胶分辨DNA片段的范围为0.2~50bp，聚丙烯酰胺凝胶的分辨范围为1~10000bp，凝胶浓度的高低影响凝胶介质孔隙的大小，浓度越高，孔越小，其分辨能力就越强；反之，其分辨能力越弱。琼脂糖凝胶的成分为琼脂糖，是由半乳糖及其衍生物构成的中性物质，不带电荷，形成的凝胶结构均匀。

琼脂糖凝胶在配制时，需加入无毒核酸染料，在不同波长激发下，发出不同强度的荧光，如溴化乙锭（ethidium bromide，EB）可嵌入双链核酸的配对碱基之间，在260nm、300nm、360nm处，紫外光透射仪激发并放射出橙红色信号；由于EB是高致癌性诱变剂，因此用毒性相对较低的类花青素染料如SYBR Green I和4S Green Plus等，可嵌入双链DNA双螺旋结构的小沟区域，在295nm和490nm处具有荧光激发最大值，与结合DNA的EB荧光激发最高点在530nm时相接近，在紫外照射下检测DNA条带，建议使用黄色或绿色明胶或玻璃纸以获得更清晰的条带。此外，还可以在非紫外的LED灯下观察，如蓝光LED灯。

聚丙烯酰胺凝胶由单体丙烯酰胺和甲叉双丙烯酰胺聚合而成，以过硫酸铵为催化剂，以TEMED为加速剂。在聚合过程中，TEMED催化过硫酸铵产生自由基，后者引发丙烯酰胺单体聚合，同时甲叉双丙烯酰胺与丙烯酰胺链间产生甲叉键交联，从而形成三维网状结构的凝胶。聚丙烯酰胺凝胶可通过银染法显色，主要原理是银离子与核酸形成稳定复合物，然后用甲醛使银离子还原成银颗粒。硝酸银等试剂可使聚丙烯酰胺凝胶内的单链或双链DNA及RNA都染成黑褐色。

【实验内容与步骤】

1. 琼脂糖凝胶电泳

（1）安装凝胶槽。将胶梳和胶槽冲洗干净，晾干后置于水平台面上，选取大小合适的胶梳装入胶槽。

（2）配胶。根据样品片段长度选择合适浓度的凝胶进行检测，称量后装入三角锥形瓶中，置于微波炉中加热至完全融化，取出摇匀。表4-10为本实验琼脂糖凝胶常用配比。

表 4-10　琼脂糖凝胶常用配比

浓度	体系（mL）	琼脂糖（g）	核酸染料（μL）	双蒸水（mL）	5×TBE 电泳缓冲液（mL）
1% 琼脂糖凝胶	100	1	5	80	20
2% 琼脂糖凝胶	100	2	5	80	20

（3）加核酸染料。待琼脂糖溶液冷却至55~60℃后，加入核酸染料（根据核酸染料说明书添加），轻轻摇匀，避免产生气泡。

（4）制胶。将上述琼脂糖溶液缓慢倒入安装好胶梳的胶槽中，厚度为3~5mm，注意避免产生气泡。

（5）预电泳。待琼脂糖溶液凝固后（室温下静置约30min），拔出胶梳，将凝胶置于电泳槽中，加1×TAE电泳缓冲液并没过凝胶，接通电源，130V电压预电泳30min。

（6）加样。用移液器将待测样品与6倍上样缓冲液混匀后（样品与缓冲液之比为5∶1），加到加样孔中，另将DNA Marker作为样品与6倍上样缓冲液以同样比例混匀后加至空胶孔，作为参照，注意加样孔应在负极一侧。

注：6倍上样缓冲液能促使DNA样品沉入凝胶加样孔中。其主要成分为甘油/蔗糖、EDTA、溴酚蓝和二甲苯青等。甘油/蔗糖起核酸助沉作用，防止核酸从加样孔溢出；溴酚蓝和二甲苯青用作电泳时的指示剂，可指示电泳进程，溴酚蓝在2%琼脂糖凝胶中相当于50bp大小的DNA迁移速率，6倍上样缓冲液使用时需要使最终浓度为1倍。目前许多成品PCR反应体系预混液已含有指示剂、蔗糖等成分，因此电泳时无须加入上样缓冲液。

（7）电泳。在60~130V恒定电压下电泳，当溴酚蓝迁移至凝胶的2/3处时停止电泳，一般电泳时间为30~40min，不能让溴酚蓝跑出凝胶。可根据凝胶大小，一般不超过20V/cm，温度不高于30℃，电压和温度过高可能会导致DNA条带模糊、不规则迁移等。电流过低时，可能是接触不良、电泳液使用过久等导致。例如400~800bp DNA片段，用长度为6cm左右的2%琼脂糖凝胶进行电泳，电压选择为120V。

（8）检测。取出凝胶，置于凝胶成像仪进行检测，对应泳道的亮带即为DNA条带，如图4-7所示。

（9）整理台面物品，清洗晾干后物归原处。

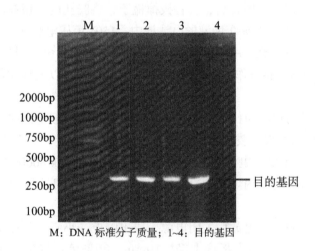

M：DNA 标准分子质量；1~4：目的基因

图 4-7　琼脂糖胶电泳结果

2. 聚丙烯酰胺凝胶电泳（PAGE）

（1）配胶。洗净两块配套的电泳玻璃板，晾干，两边放置夹条后用夹子夹紧，配制胶液。表4-11为本实验室常用配比。

表4-11　聚丙烯酰胺凝胶配制

成分	40mL（8%PAGE）	40mL（12%PAGE）	50mL（8%PAGE）	50mL（12%PAGE）
双蒸水	19.08mL	13.75mL	26.41mL	19.75mL
30%丙烯酰胺	10.67mL	16.00mL	13.34mL	20.00mL
5×TBE电泳缓冲液	8mL	8mL	8mL	8mL
丙三醇（甘油）	2mL	2mL	2mL	2mL
10%过硫酸铵	224μL	224μL	224μL	224μL
TEMED	22.4μL	22.4μL	22.4μL	22.4μL

注意：配制胶液时，先将双蒸水、30%丙烯酰胺、5×TBE电泳缓冲液、甘油和10%过硫酸铵加至烧杯中，用玻璃棒充分混匀，随后将TEMED加入至烧杯中，迅速混匀后，进行灌胶。TEMED的作用是催化剂，如果先加TEMED，最后加入10%过硫酸铵混匀后灌胶，胶液容易凝固，致使灌胶失败。

（2）灌胶。将配好的胶液用玻璃棒搅匀后立即灌胶，灌胶时使玻璃板平放且上部略高，以便胶能快速流下，但注意胶内不要形成气泡，插上胶梳，让胶凝固，一般需要40min左右。

（3）预电泳。胶凝固聚合后，轻轻拔掉梳子，将胶孔内残留胶液用小水流冲洗并甩出然后放入加好1×TBE电泳缓冲液的电泳槽内，150V恒压电泳30~60min。

（4）上样。关闭电源，用移液器吸出1μL样品与1~2μL 6倍上样电泳缓冲液混匀后加至胶孔，另将DNA Maker作为样品与6倍上样电泳缓冲液以同样比例混匀后加至空胶孔，作为参照。

（5）电泳。目的片段为1000bp左右时，恒压150V，一般电泳时间为4~5h。片段越小，电泳时间越短。可根据胶和目的片段大小进行电压设定，一般为5~10V/cm。电流过低时，可能是接触不良、电泳液使用过久等导致。例如400~800bp DNA片段，选用浓度为8%、长度为20cm的聚丙烯酰胺凝胶进行电泳时，电压可选择为150V，电泳时间为3h左右。

（6）银染。①固定：电泳后关闭电源，取出胶板，小心分开玻璃板，将胶放入盛有固定液的塑料盘中，在脱色摇床上轻摇10min。②染色：将聚丙烯酰胺凝胶转至含染色液的塑料盘中，继续轻摇15min。染色液可重复利用2~3次。③用自来水冲洗聚丙烯酰胺凝胶，持续2~3min。④将聚丙烯酰胺凝胶转至含显色液的塑料盘中，继续轻摇15min，现配现用。⑤待条带清晰出现，倒去显色液，用清水冲洗后，置于凝胶成像仪中，拍照并保存。

（7）将聚丙烯酰胺凝胶捞出，置于照胶白板上，放入凝胶成像仪中拍照，结果如图4-8所示，照片一般以时间和名称命名。

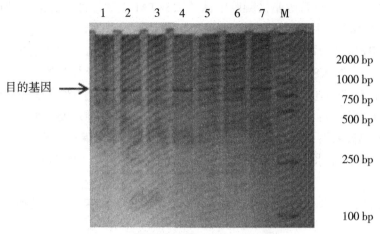

M—DNA 标准分子质量；1~7—目的基因

图 4-8 聚丙烯酰胺凝胶电泳结果

（8）整理实验台面上的物品并清洗、擦干，物归原处。

3. 琼脂糖凝胶及聚丙烯酰胺凝胶分辨 DNA 的能力

表 4-12 琼脂糖及聚丙烯酰胺凝胶分辨 DNA 的能力

凝胶类型及含量	分离 DNA 片段的大小范围（bp）
0.3% 琼脂糖凝胶	1000~50000
0.7% 琼脂糖凝胶	1000~20000
1% 琼脂糖凝胶	500~10000
1.5% 琼脂糖凝胶	200~3000
2% 琼脂糖凝胶	50~2000
4% 聚丙烯酰胺凝胶	100~1000
8% 聚丙烯酰胺凝胶	50~800
12% 聚丙烯酰胺凝胶	15~200
20% 聚丙烯酰胺凝胶	1~50

4. 常用试剂配制方法

（1）5×TAE电泳缓冲液的配制方法：称取三羟甲基氨基甲烷24.2g，乙二胺四乙酸二钠3.72g置于烧杯中，向烧杯中加入约500mL的去离子水，充分搅拌溶解。溶解后加入冰醋酸5.71mL，充分搅拌，定容至1L，室温保存。使用时将5×TAE电泳缓冲液稀

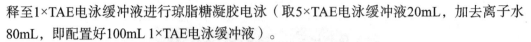

释至1×TAE电泳缓冲液进行琼脂糖凝胶电泳（取5×TAE电泳缓冲液20mL，加去离子水80mL，即配置好100mL 1×TAE电泳缓冲液）。

（2）5×TBE电泳缓冲液：称取三羟甲基氨基甲烷54g，乙二胺四乙酸二钠水合物3.72g，硼酸27.5g，溶入800mL水，置于定时恒温磁力搅拌器上加热溶解，冷却后定容至1L。使用时将5×TBE电泳缓冲液稀释至1×TBE电泳缓冲液进行聚丙烯酰胺凝胶电泳。

（3）30%丙烯酰胺：丙烯酰胺290g，N,N-亚甲基双丙烯酰胺10g，加水定容至1L。

（4）10%过硫酸铵：取1g过硫酸铵溶解于10mL水中，4℃保存不超过1周。

（5）固定液：无水乙醇100mL，冰醋酸5mL，去离子水895mL。可重复使用2~3次。

（6）染色液：无水乙醇100mL，冰醋酸5mL，去离子水895mL，硝酸银2g。可重复使用2~3次。

（7）显色液：氢氧化钠30g，去离子水995mL，甲醛5mL。现配现用。

【注意事项】

（1）实验过程一定要做好自我防护，穿戴好防护服、口罩和手套。三羟甲基氨基甲烷具有刺激性，可刺激人的眼睛、皮肤和呼吸系统等。N,N-亚甲基双丙烯酰胺吸入、皮肤接触及吞食有害等。丙烯酰胺吞食有害，与皮肤接触可能致敏，可能致癌，可能引起遗传性基因损害等。过硫酸铵吞食有害，可刺激眼睛、呼吸系统和皮肤，吸入及皮肤接触可能致敏，与可燃物料接触可能引起火灾等。TEMED高度易燃，吸入或吞食有害，可引起灼伤等。此外，硝酸银、氢氧化钠等无机试剂也同样具有毒性、腐蚀性等。因此，不慎接触眼睛和皮肤时要用大量清水迅速清洗，不适请立即就医。

（2）琼脂糖凝胶厚度不宜超过0.5cm。

（3）使用前仔细阅读核酸染料使用说明书，避免琼脂糖凝胶反复融化，以免对核酸检测造成影响。溴化乙锭和吖啶橙染料均具有强致癌性，实验时须做好个人防护并注意相关接触物品耗材的专门处理；花青素虽无实验表明具有毒性，但是相关染料预混液其他成分可能具有毒性，因此也需要做好防护。

（4）电泳缓冲液要根据使用情况定期更换，凝胶中所加缓冲液应与电泳槽中缓冲液的一致。

（5）灌注聚丙烯酰胺凝胶时需要尽快，以防止胶液凝固。

（6）一定浓度的聚丙烯酰胺凝胶在环境温度改变时，其交联速率会受到影响，温度升高会加速凝聚，温度降低会减缓凝聚，此时可适当调整10%过硫酸铵和TEMED的浓度。

（7）电泳完分离聚丙烯酰胺凝胶板时要注意均匀用力，避免用力过大或不均匀导致胶板耳朵破碎。

【数据记录表及处理】

进行琼脂糖凝胶电泳和聚丙烯酰胺凝胶电泳，拍照记录结果。

【实验结论及问题讨论】

（1）在实验过程中，加样孔应该靠近正极还是负极？为什么？

（2）完成凝胶电泳后，用凝胶成像系统观察凝胶，发现凝胶上没有条带，或者凝胶上带型严重拖尾，这是为什么？

参 考 文 献

[1] 包青.兽用B超的推广应用[N].河北农民报，2014-11-25，（A07）.

[2] 曾振灵.兽医药理学[M].北京：中国农业出版社，2009.

[3] 常素芳.马属动物发情的鉴定技术[J].中国畜牧兽医文摘，2015，31（02）：46.

[4] 陈耀星.畜禽解剖学[M].3版.北京：中国农业大学出版社.2009.

[5] 褚明德.奶牛的发情鉴定与适时配种[J].养殖与饲料，2010（02）：10-11.

[6] 韩庆广.pcDNA3（-）SVT重组质粒的构建及其在小鼠小肠上皮细胞中的表达[D].扬州：扬州大学，2009.

[7] 郝振芳.动物B超在小尾寒羊繁育中的应用技术研究[D].郑州：河南农业大学，2010.

[8] 胡桂学.陈金顶，彭远义，等.兽医微生物学实验教程[M].2版.北京：中国农业大学出版社，2015.

[9] 贾国慧.奶牛B超妊娠诊断及早期胚胎发育规律的研究[D].扬州：扬州大学，2009.

[10] 蒋思文.动物生物技术[M].北京：科学出版社，2009.

[11] 林德贵.兽医外科手术学[M].5版.北京：中国农业出版社，2011.

[12] 林加涵，魏文玲，彭宣宪.现代生物学（下册）[M].北京：高等教育出版社，2001.

[13] 刘维全.动物生物化学实验指导[M].3版.北京：中国农业出版社，2008.

[14] 陆承平.兽医微生物学[M].5版.北京：中国农业出版社，2012.

[15] 吕丹娜，刘正伟.兽用B超在母猪妊娠诊断中的应用研究[J].辽宁农业职业技术学院学报，2019，21（03）：6-7.

[16] 马恒东.生理学实验教程[M].北京：科学出版社，2017.

[17] 明道绪.生物统计附试验设计[M].5版.北京：中国农业出版社，2014.

[18] 史言，王书林，韩永达，等.兽医临床诊断学实习指导[M].北京：中国农业出版社，2001.

[19] 孙志良，罗永煌.兽医药理学实验教程[M].2版.北京：中国农业大学出版社，2015.

[20] 索朗斯珠，吴庆侠.兽医病毒学实验技术[M].北京：中国农业大学出版社，2013.

[21] 田云，周海燕．现代生物化学与分子生物学研究技术 [M]．北京：中国农业出版社，2017.

[22] 王刚．奶牛繁殖管理中超声影像技术应用的研究 [D]．呼和浩特：内蒙古农业大学，2013.

[23] 王国杰．动物生理学实验指导 [M]．4 版．北京：中国农业出版社，2008.

[24] 王捷．动物细胞培养技术与应用 [M]．北京：化学工业出版社，2004.

[25] 王玲，罗宗刚．动物遗传育种学实验教程 [M]．重庆：西南师范大学出版社，2015.

[26] 王青芳，夏凯凯，张佳兰．B 超检测技术在羊妊娠中的应用 [J]．湖北畜牧兽医，2018，39（04）：9-12.

[27] 王世雷．运用 B 超观察母牦牛生殖系统及胎儿发育 [D]．兰州：甘肃农业大学，2008.

[28] 吴常信．动物遗传学 [M]．2 版．北京：高等教育出版社．2015.

[29] 谢富强．犬猫 X 线与 B 超诊断技术 [M]．4 版．沈阳：辽宁科学技术出版社，2006.

[30] 徐业芬．高原动物生理学 [M]．北京：中国农业大学出版社，2014.

[31] 杨秀平，肖向红．动物生理学实验 [M]．2 版．北京：高等教育出版社，2009.

[32] 杨秀平．动物生理学实验 [M]．北京：高等教育出版社，2005.

[33] 叶惠．母牛的发情鉴定与配种技术 [J]．当代畜禽养殖业，2020（02）：54+56.

[34] 翟中和，王喜中，丁明孝．细胞生物学 [M]．4 版．北京：高等教育出版社，2011.

[35] 张振兴，姜平．兽医消毒学 [M]．北京：中国农业出版社，2009.

[36] 赵倩明，左晓昕，詹康，等．奶牛小肠上皮细胞的原代培养和鉴定 [J]．中国农业大学学报，2017，22（06）：84-90.

[37] 赵茹茜．动物生理学 [M]．北京：中国农业出版社，2016.

[38] 赵兴绪．兽医产科学 [M]．北京：中国农业出版社，2017.

[39] 赵永芳．生物化学技术原理及应用 [M]．3 版．北京：科学出版社，2002.

[40] 周贵，王立克，黄瑞华，等．畜禽生产学实验教程 [M]．北京：中国农业大学出版社，2006.

[41] 周虚．动物繁殖学 [M]．北京：科学出版社，2017.

[42] 朱士恩．动物生殖生理学 [M]．北京：中国农业出版社，2006.

[43] 朱玉贤，李毅，郑晓峰，等，现代分子生物学 [M]．4 版．北京：高等教育出版社，2013.

[44] 朱祖康、王艳玲．家畜生理学实验指导 [M]．北京：中国农业科技出版社，1998.

[45] KAUFFOLD J, PELTONIEMI O, WEHREND A, et al. Principles and Clinical Uses of Real-Time Ultrasonography in Female Swine Reproduction [J]. Animals (Basel). 2019;9(11):950.

附表 1　常用实验动物的一般生理常数参考值

动物	体温 （直肠温度） （℃）	呼吸频率 （次/min）	潮气量 （mL）	心率 （次/min）	血压 （平均动脉压） （kPa）	总血量 （占体重的百分比） （%）
家兔	38.5~39.5	10~15	19.0~24.5	123~304	13.3~17.3	5.6
狗	37.0~39.0	10~30	250~430	100~130	16.1~18.6	7.8
猫	38.0~39.5	10~25	20~42	110~140	16.0~20.0	7.2
豚鼠	37.8~39.5	66~114	1.0~4.0	260~400	10.0~16.1	5.8
大白鼠	38.5~39.5	100~150	1.5	261~600	13.3~16.1	6.0
小白鼠	37.0~39.0	136~230	0.1~0.23	328~780	12.6~16.6	7.8
鸡	40.6~43.0	22~25	—	178~458	16.0~20.0	—
蟾蜍	—	不定	—	36~70	—	5.0
青蛙	—	不定	—	36~70	—	5.0
鲤鱼	—	—	—	10~30	—	—

资料来源：杨秀平，肖向红. 动物生理学实验［M］.2 版，北京：高等教育出版社，2009.

附表 2 常用实验动物血液学主要生理常数

动物	红细胞数 （10^{12} 个 /L）	白细胞数 （10^9 个 /L）	血小板 （10^{10} 个 /L）	血红蛋白 （g/L）	红细胞比容 （%）
家兔	6.9	7.0~11.3	38~52	123（80~150）	33~50
狗	8.0（6.5~9.5）	11.5（6~17.5）	10~60	112（70~155）	38~53
猫	7.5（5.0~10.0）	12.5（5.5~19.5）	10~50	120（80~150）	28~52
豚鼠	9.3（8.2~10.4）	5.5~17.5	68~87	144（110~165）	37~47
大白鼠	9.5（8.0~11.0）	6.0~15.0	50~100	105	40~42
小白鼠	7.5（5.8~9.3）	10.0~15.0	50~100	110	39~53
鸡	3.8	19.8		80~120	
蟾蜍	0.38	24.0	0.3~0.5	102	
青蛙	0.53	14.7~21.9		95	
鲤鱼	0.8（0.6~1.3）	4.0		105（94~124）	

资料来源：杨秀平，肖向红. 动物生理学实验［M］.2 版，北京：高等教育出版社，2009.

附表3 高原不同健康成年动物血液学数值

动物	地点	海拔（m）	性别	血量（mL/kg）	红细胞比容（mL/100mL）	红细胞数量（10^{12}个/L）	血红蛋白含量（g/L）	血沉（mm/h）	备注
牦牛	西藏那曲	4500	母	95.05	47.48	8.87	11.86	—	江家椿 等，1991
			公	98.81	51.03	9.5	12.86	—	
	西藏林芝	2900	母	77.02	40.41	6.45	9.27	0.31	
			公	80.38	41.68	6.98	9.5	0.48	
黄牛	西藏工布江达	3600	母	—	—	7.15	—	0.26	江家椿 等，1991
			公	—	—	7.72	—	0.42	
绵羊	西藏那曲	4500	母	91.88	43.64	11.91	12.03	—	江家椿 等，1991
			公	93.88	44.44	12.19	12.64	—	
	西藏林芝	2900	母	73.65	35.11	7.62	9.25	—	
			公	78.26	37.47	8.44	10.05	—	
山羊	西藏林芝	2900	母	78.45	31.29	—	—	—	江家椿 等，1992
			公	84.27	34.53	—	—	—	
藏猪	西藏工布江达	3600	母	85.76	36.00	5.29	124.75	—	强巴央宗 等，2011
			公	—	35.00	5.27	122.9	—	
长白猪	西藏林芝	2900	母	—	42.00	6.1	154.07	—	
			公	—	42.00	6.05	155.4	—	
家兔	西藏林芝	2900	雌雄各半平均值		45.80	6.95	168	—	徐业芬 等，2005
犬	西藏林芝	2900	母	58.1	53.20	8.07	17.4	0.7	田发益 等，1996
			公	58.5	53.90	8.25	18.1	1.0	
藏驴	西藏浪卡子	4453	母	—	—	6.56	—	—	姜生成 等，1993
			公	—	—	6.77	—	—	
藏羚羊	青海西宁	2295	母	—	49.00	15.17	169.67	—	王勇 等，2009
			公	—	52.00	15.8	172	—	

资料来源：徐业芬.高原动物生理学实验［M］.北京：中国农业大学出版社，2014.

附表4　高原动物的白细胞数量及各类白细胞的百分比

动物	白细胞数量（10⁹个/L）	各类白细胞的百分比（%）							文献
		嗜酸性粒细胞	嗜碱性粒细胞	中性粒细胞			单核细胞	淋巴细胞	
				幼年型	杆形核	分叶核			
绵羊	9.23	5.87	0.38	0.37	1.31	29.82	1.87	60.38	
山羊	11.87	3.43	0.30	0.34	1.67	37.14	4.93	52.19	王柱三，1981
黄牛	9.22	5.47	0.35	0.57	2.05	27.46	5.21	58.89	
牦牛	10.20	8.27	0.47	0.36	1.86	35.64	1.77	51.56	
藏猪	21.74	3.99	0.21	26.44	—	—	3.64	65.73	岳敏 等，2011
家兔	9.03	35.00	—	—	—	—	1.10	67.00	徐业芬 等，2005
犬	19.10	4.77	0.30	61.90	—	—	2.40	29.30	田发益 等，1996
藏驴（公）	12.31	4.50	0.25	27.5	—	—	4	63.75	—
藏羚羊(公)	4.35	—	—	—	—	—	—	—	—

资料来源：徐业芬.高原动物生理学实验［M］.北京：中国农业大学出版社，2014.

附表5 各种生理盐溶液的成分

单位：g/L

成分	生理盐溶液		任氏液	乐氏液	台氏液
动物类型	两栖类用	哺乳动物用	两栖类用	哺乳动物用	哺乳动物用
氯化钠	7.00	9.00	6.50	9.00	8.00
氯化钾	—	—	0.14	0.40	0.20
氯化钙	—	—	0.12	0.10~0.20	0.10~0.20
碳酸氢钠	—	—	0.20	0.20	1.00
磷酸二氢钠	—	—	0.01	—	0.05
氯化镁	—	—	—	—	0.10
葡萄糖	—	—	—	1.00~2.00	1.00

注：* 要在氯化钙完全溶解或淡化后方可加入，否则会产生不溶解的磷酸钙，致使溶液浑浊。

附表 6　配制生理溶液所需的母液及其比例

成分	母液浓度（％）	任氏液	乐氏液	台氏液
氯化钠	20	32.5mL	45.6mL	40mL
氯化钾	10	1.4mL	4.2mL	2mL
氯化钙	10	1.2mL	2.4mL	2mL
碳酸氢钠	5	4.0mL	2.0mL	20mL
磷酸二氯钠	1	1.0mL	—	5mL
氯化镁	5	—	—	2mL
葡萄糖	—	2g（可不加）	1.0~2.5g	1g
蒸馏水	—	加至 1000mL	加至 1000mL	加至 1000mL